3ステップで
プロの思考を理解する

Photoshop
レタッチ
仕事の教科書

高嶋一成、マルミヤン、佐藤悠大　共著

JN026724

エムディエヌコーポレーション

はじめに

　本書は、仕事として写真に携わるすべての方のために、Photoshopによるレタッチのプロセスと詳細なテクニックを解説した書籍です。

　Photoshopを利用したレタッチには、大きく分けて2つの目的があります。

　1つめは、撮影環境やカメラの特性により、感じづらくなってしまった本来の被写体の姿をしっかりと表現するためのレタッチです。これは、色がかぶってしまっていたり、光量が足りずに暗くなってしまっていたり、コントラストが低いといった写真の問題点を解消するために行います。

　2つめは、その被写体がより魅力的に見えるように演出するレタッチです。不要なものを消したり、光沢を強調したり、色の彩度を上げたり、周囲にぼけを作ったりして、被写体が際立つように調整を行います。場合によっては、変形したり、背景を差し替えたり、色をガラリと変えたりすることもあります。

　前者は原則としてどの写真に対しても行われる行為で、後者は写真がどのような目的で使われるかも考慮しながら、ちょうどよいバランスを探りつつ行われます。

　本書では、これらのレタッチを行う際にプロがどのような点に着目し、どのような機能を使って写真を仕上げていくかをステップ・バイ・ステップ形式で解説しています。風景写真・人物写真・商品写真と、被写体ごとにレタッチの方針は異なりますので、その点も考慮して網羅した構成になっています。

　また、Photoshopの基本的なレタッチ機能についても紹介していますので、これまで使ったことがなかった機能の詳細と使いどころも把握できます。

　写真のレタッチは、ある程度「これが正解」という目星をつけられる経験がないと、どうしていいか迷ってしまうものです。ぜひ、本書で紹介したテクニックを習得して、レタッチへの自信を深めていってください。

MdN編集部

Contents

Chapter 2

ケーススタディ①
風景写真のレタッチ

Chapter 3

ケーススタディ②
人物写真のレタッチ

Contents

本書の使い方

本書は、Photoshopを利用したレタッチの手法を被写体ごとに解説したガイドブックです。
本書は次のような構成になっています。

Chapter 1　Photoshopレタッチの基本

Photoshopを利用してレタッチを行う際に理解しておく必要がある基礎知識を解説しています。
選択範囲の作り方やフィルターなどの基本的な機能もまとめています。

セクションタイトル
記事番号とテーマタイトルを示しています

解説
記事テーマの解説を行っています

図版の番号は解説文中の
番号に対応しています

Chapter 2〜5　ケーススタディ

フォトレタッチの具体的な手順を、被写体ごとに章を分けて解説しています。元画像と完成画像は
ダウンロードできるので、ご自身で効果を試しながら、実践的にフォトレタッチの手法を身につけられます。

セクションタイトル
記事番号とテーマタイトルを
示しています

Before・After
元画像を Before 、
補正後の完成画像を After として掲載しています

プロはこう考える
"プロの思考"を3ステップで示しています

解説
実際のレタッチの手順をステップ・バイ・
ステップ形式で解説しています

本書の表記について

本書の内容はWindowsとMacintoshの両プラットフォームに対応しています。
WindowsとMacintoshで操作キーやメニューが異なるときは、Windowsの操作キーを
下記のように〔 〕で囲んで表記しています。

● option〔Alt〕キー
● command〔Ctrl〕キー

メニューから選ぶ項目については、下記のように表記しています。

● ［メニュー→イメージ→色調補正→レベル補正］
● ［メニュー→Photoshop〔編集〕→環境設定］（〔〕内はWindowsでの表記）

サンプルデータについて

本書のサンプルデータは下記のURLからダウンロードできます。

https://books.mdn.co.jp/down/3221303007/

数字

ダウンロードできない時は

● ご利用のブラウザの環境によりうまくアクセスできない場合があります。再読み込みしてみたり、別のブラウザ
でアクセスしてみてください。

● 本書のサンプルデータは検索では見つかりません。アドレスバーに上記のURLを正しく入力して、Enterキーを
押してください。

注意事項

● 弊社Webサイトからダウンロードできるサンプルデータは、本書の解説内容をご理解いただくために、ご自身で
試される場合にのみ使用できる参照用データです。その他の用途での使用や配布などは一切できませんので、
あらかじめご了承ください。

● 弊社Webサイトからダウンロードできるサンプルデータの著作権は、それぞれの制作者に帰属します。

● 弊社Webサイトからダウンロードできるサンプルデータを実行した結果については、著者および株式会社エム
ディエヌコーポレーションは一切の責任を負いかねます。お客様の責任においてご利用ください。

Photoshopレタッチの基本

Chapter 1

補正作業を行う前に

画像補正作業は、個人の環境で完結するものであれば好みに合わせた作業を行えばよいのですが、印刷物などのコンテンツを作成する場合は複数の環境で作業されることを考慮しなければなりません。特にカタログやWebコンテンツのような複数の画像で構成されるような場合は、撮影の段階からできるだけサイズ感やライティングなどを揃えておくように心がけましょう。

Photoshop

現在ではCreative CloudからダウンロードされるPhotoshopは、アップデートによって使用者側からするといつの間にか新しい機能が追加、変更されています。使い慣れている機能が大きく仕様変更されてしまうと混乱を招くものの、より高度で似たような機能が追加されることが多く、ルーティンの作業から切り替えて試しに使ってみることをお勧めします 01。

最近追加されたものではありませんが、[Camera Rawフィルター]はRawデータ現像用のLightroomの現像モジュールと同じ構成になっており、JPEG画像やレイヤーに対しての調整も行えます。一見、複数のパラメーターが並んでいて面倒なものと思われがちですが、そのほとんどが通常作業するモジュールなので理解しやすいものが多く、各パラメーターの調整結果は作業中は維持されるのでとても便利な機能と言えます 02。

Photoshop

[Camera Rawフィルター]のダイアログ

モニターキャリブレーション

Photoshopなどの画像を扱うソフトウエアは、最終的な出力先として印刷物やWebに使用されることが多いため、出力先のカラースペースを想定した色補正を行う必要があります。そのためにはまず作業を行うモニターのカラーが正しくなければなりません。

現実的には、印刷物であれば出力はCMYKカラーとなりモニターのRGBカラーとはカラースペースが異なるため、実際に印刷された色校正でカラー調整を行うのが本来です。また、Webの場合は不特定多数のモニターデバイスで出力されることを考えると、そこまで作業用モニターのカラーにこだわる必要はな

いように感じるかもしれません。

ただ、基準となるものがないと、例えば出力されたものが「少し赤みが強すぎるのではないか」といった話になった時に、どの工程でそうなったのかの推定ができなくなります。簡単に言えば、「自分の作業用のモニターはキャリブレーションが取られているので、あとの工程で赤みが強くなったのだろう」という推定ができるようにしておいた方がよいということです 01、02。

また、モニターの背景色や環境光をできるだけニュートラルなものにするようにしてください。

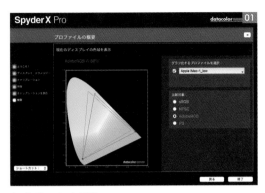

キャリブレーション画面　　　　　　　　　　　　キャリブレーター

カラー設定

　基本的な印刷のカラースペースはCMYKで、モニターのカラースペースは通常sRGBとなっており、ハイエンドのモニターにはAdobe RGB（1998）準拠というものがあります。カラースペースの図（ **01** ）を見ると分かるように、sRGBの範囲からCMYKのマゼンタの領域がはみ出しています。この領域をカバーするために、[メニュー→編集→カラー設定]の印刷用の設定である[プリプレス用 - 日本2]のRGB設定は

「Adobe RGB（1998）」となります **02** 〜 **05** （初期設定の[一般用 - 日本2]は「sRGB」です）。

　カラースペースの違いにより、モニターで見ている全ての色が印刷で再現されるわけではなく、彩度の高い部分は再現されません。再現できる範囲や色の変化は、[メニュー→表示→色の校正]（command〔Alt〕＋Y）や情報パネルの「！」で確認することができます **06** 、 **07** 。

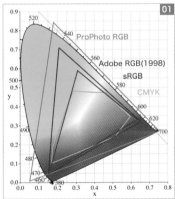

カラースペース

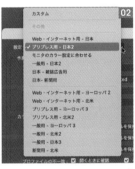

基本的には[プリプレス用 - 日本2]に設定しておくと、広いカラースペースのもとで作業ができる

CreativeCloudで使用される他のアプリとカラー設定が一致していない場合

Bridgeの[メニュー→編集→カラー設定]で全てのアプリの設定を統一できる

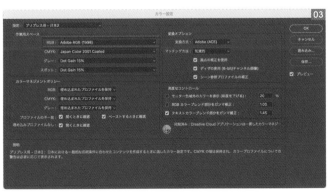

カラー設定の基本的な構成

［色の校正］によるカラーの変化（擬似的な再現　左：RGB、右：CMYK）

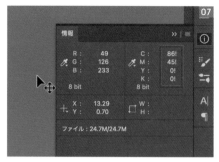

情報パネルを展開してカーソルを画像のカラーに合わせ
ると、色情報が確認でき、CMYKの数値に「！」が付いて
いる場合は色域外となっていることが確認できる

プロファイルの変換

　プロファイルは［カラー設定］で画像に対して埋め込む設定で、［プロファイルの変換］による変換作業は、同一環境内では特別な場合を除いて行う必要はありません 01 。

　異なる設定で処理された画像は、［カラー設定］の［カラーマネージメントポリシー］内にある［プロファイルの不一致］にチェックが入っていれば、開く段階でアラートが表示されます（［プリプレス用 - 日本 2］ではチェックが入っています） 02 。アラートが表示された場合は［ドキュメントのカラーを作業スペースに変換］を選択しておけば問題ありませんが、作業スペースの違いによっては、再現できなくなるカラーが生じる可能性があります。カラースペースを超えたカラーは、境界部分のカラーに置き換えられることになりますが、周囲の色の変化が滑らかであれば見た目

で気になるようなことにはなりません。

　ただし、彩度を上げる調整によってカラースペース外（色域外）の部分が多くなると、トーンが失われてしまったり、トーンの境界が強調されるトーンジャンプの原因となります。

　Web制作などのsRGBに最適化する必要がある環境であれば［Web・インターネット用 - 日本］、それ以外の用途であれば［プリプレス用 - 日本 2］に設定しておくことをおすすめします。

　また、Adobeで推奨されている「ProPhoto RGB」は、現状で存在する一般的なデバイスで再現可能な領域よりも広範囲なカラースペースとなっています。そのため、狭い範囲から広い範囲への変更による影響を避けることができ、将来的にAdobe RGB（1998）を超えるデバイスにも対応ができます。

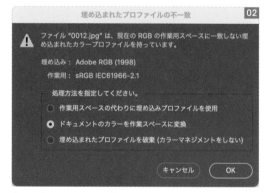

モノクロ画像しか扱わないといった状況でない限り、
プロファイル変換を行う必要はない

他から読み込んだ画像のプロファイルが一致しない場合は
アラートが表示される

02

画像の設定

カラー設定ではPhotoshop全体のカラープロファイル設定を行いますが、画像を編集する段階での設定は画像を使用する目的に合わせて個別の設定を行います。ただ、印刷用だからCMYKに変換しておこうとか、画像としてはベストだからと16ビットのフルサイズで納品するのではなく、納品先の意向に沿ったものを納品すべきです。また、発注側も実際の仕様を伝えておく必要があります。

モードの設定

［メニュー→イメージ→モード］でカラーモード設定などが行えます。カラーモードはモニターカラーの［インデックスカラー］［RGB］［Lab］、印刷用の［CMYK］［マルチチャンネル］があります 01 。

CMYKの画像をRGBモードで展開しても元のRGB領域のカラーには戻らず、そこから再度CMYKに変換すると最初とは異なった色調になってしまうため、印刷用CMYKへの変換は要求があった場合に行うことが理想です 02 、 03 。

RGBが混色させて白になる「光の3原色」、CMYが混色させて黒になる「色の3原色」で補色の関係であるのに対して 04 ～ 06 、LabモードはL（明度）、a（グリーンからマゼンタ）、b（ブルーからイエロー）の立方体でカラー調整を行うモードで、RAWデータ現像用のLightroomやPhotoshop内の［Camera Rawフィルター］の［基本補正］の構成の元になっています 07 、 08 。

モードの設定

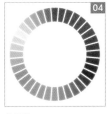

色相環

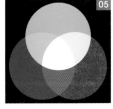

RGB

CMY

RGB画像（擬似的な再現）

CMYK画像

Chapter 1

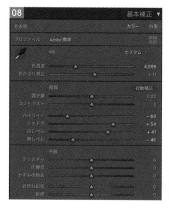

L------のチャンネル

Lightroomの基本補正の［色温度］は
［b］チャンネル、［色かぶり補正］は［a］
チャンネルと同様

前述した基本的なカラーを構成するモードは、［カラーピッカー］ダイアログを開くと、指定されたカラーに対する各数値を確認することができます。カラーピッカーは、カラーのモードには無い、H（色相）、S（彩度）、B（輝度）のHが基準となっていて、指定したカラーがCMYKのカラースペースの範囲外になっている場合はアラートが表示されます 09 〜 15。

［インデックスカラー］はカラーパレットを制限することで画質を維持してファイルサイズを小さくするもので、マルチメディアプレゼン用などに適しています。［マルチチャンネル］は特殊プリント用にチャンネルごとに256階調のグレーを使用するものです。

カラーピッカー［HSB］の［H］では色相環から選択されたカラーのトーンで表示される

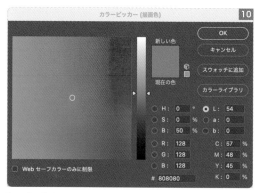

［Lab］の［L］で表示したニュートラルグレー

各モードでの同一カラーの表示位置の変化

アラートはCMYKでの色域外となる

アラートをクリックすることで色域内カラーに変更される

ビット数は色を表現する情報量で、8ビットはRGB各色が256階調で表現され、カラー総数は約1,677万色となります。16ビットでは各色65,536階調となり、総数は281兆色です。

Photoshopで16ビットが有効になるのは再調整をかける場合です。8ビットカラーで保存された画像を16ビットに変換するだけでは、階調の変化は起こりません。

また、16ビットの画像の扱いには制限が多く、Photoshopの機能などでも8ビットにしか対応していないものもあります。モニターも10ビットが再現でき

るハイエンドのものもありますが、通常は8ビットまでしか表示できません。

ただし、8ビットの画像で起こってしまうトーンジャンプなどは、16ビットで調整することで、ある程度抑えられるケースがあります。8ビットに戻すと再度色の変化は起こりますが、全てを8ビットのまま処理を行うよりは軽減できます 16 〜 18 。

もちろん、極端な調整を行えば16ビットでもトーンジャンプは起きますし、8ビットとの差もかなり拡大表示してようやく確認される程度なので、最終的な使用状況や画像の状態に合わせて使用しましょう 19 。

元画像

16ビットで調整（拡大）

8ビットで調整（拡大）

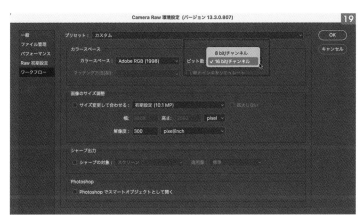

[メニュー→Photoshop〔編集〕→環境設定→Camera Raw] のワークフローで出力ビット数を変更できる

レンズプロファイルの設定

[メニュー→フィルター→レンズ補正] では、撮影に使用したレンズのプロファイルをメタデータから読み込み、[歪曲収差] や [色収差][周辺光量補正] を行うことができます 01 、02 。

歪曲収差は、広角系に起こる「樽型収差」と望遠系に起こる「糸巻き型収差」があり、色収差は、カラーコントラストの強い部分に起こります。

この収差補正はRAW現像ソフトのLightroomなどでも行うことができ 03 、一度補正されている画像を[レンズ補正] で補正を行うと追加で補正されてしまうため、収差が目立つ場合にのみ補正作業を行いましょう 04 。

[レンズ補正]ダイアログ

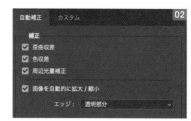

レンズプロファイルによる収差補正が行える

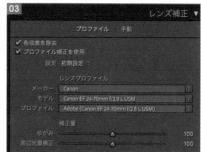

Lightroomのプロファイルによる
レンズ補正

広角系の樽型収差の補正前と補正後

画像の解像度

[メニュー→イメージ→画像解像度]で解像度の設定を行えます **01**。画像解像度は出力に対して設定するもので、印刷用は350ppi、Web用は72ppiが一般的です。

印刷では、印刷の精細度を線数という単位で表しますが、一般的なカラーの商業印刷物の場合は1インチあたり175線（175lpi）です。その2倍の数値である350ppi（ピクセルパーインチ）の解像度があれば印刷品質に影響が出ません。汎用インクジェットプリンターやWebで発注する大サイズプリントなどは、指定された解像度で設定してください。

Webの場合は72ppiの設定で作業されることが多いですが、実際の表示サイズはピクセル数で指定さ

れるため、ppiの数値自体は気にする必要はありません。近年は高精細なモニターが増えているため、表示サイズが幅320ピクセルの場合、その2〜3倍に当たる幅640ピクセル〜960ピクセルの画像を表示するケースが増えています。

解像度によって表示される画像の大きさは、画像のピクセル数との関係性で変化します。画像のサイズ（幅と高さ）を維持したい場合は、[再サンプル]にチェックを入れて[解像度]のみを変更しますが、元のピクセル数を超えてしまう場合は拡大調整がかかることになり、極端な拡大補正は画質を低下させることになります **02** 〜 **05**。

[画像解像度]ダイアログ

再サンプルにチェックを入れると画像のサイズ（幅と高さ）を
維持したまま解像度の変更を行える

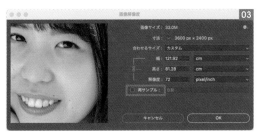

［再サンプル］のチェックを外すと、ピクセル数を維持した
解像度の変更を行える

［再サンプル］の設定では拡大縮小による補間方法を選択
できるが、特別な場合を除いて［自動］としておく

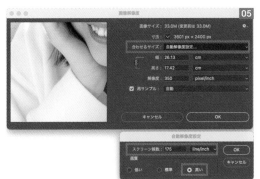

［合わせるサイズ］を［自動解像度設定］と
し、［スクリーン線数］を［175 line/inch］、
画質を［高い］としておくことで、画質を維
持した印刷用設定の解像度に設定できる

●解像度（再サンプル）拡大法の比較サンプル（72 ppiの画像を350 ppiに変更した場合）

元画像

元画像の一部を拡大

［ディテールを保持（拡大）］：バランスよく処理されるがフリンジが目立つ（ノイズ処理が行われる）

Chapter 1

［ディテールを保持2.0］：
［ディテールを保持（拡大）］
より輝度コントラストが強
まりエッジがシャープになる
（ノイズ処理が行われる）

［バイキュービック法 - 滑らか（拡大）］：シャープさはなくなるがフリンジやノイズは低減される

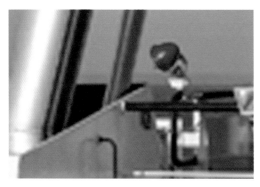

［バイキュービック法（滑らかなグラデーション）］：
［バイキュービック法 - 滑らか（拡大）］よりシャー
プになるが、ブロックノイズが多少目立つ

［ニアレストネイバー法（ハードな輪郭）］：隣り合ったピクセルへの補間が行われないためピクセルがブロック
状に目立つ

［バイリニア法］：
ピクセルのエッジは目立つ
が、フリンジは目立たなくなる

画像の拡大・縮小

複数の画像を重ねて調整を行う場合、画像サイズが同じでも解像度が異なる場合は画質が低下してしまいます。

画質の低下を防ぐ方法はピクセル数の小さい画像に大きさを合わせるしかないため、基本的には解像度とサイズが同等のものを用意するしかありません。撮影者や撮影の機材などが異なる複数の画像を使用する場合、カラー調整など様々な作業を行わなければならず、特に拡大補正は画質の低下につながる

ため、画像サイズや解像度はできるだけ指定しておきましょう。

画像のサイズなどが同等でも、被写体の大きさを揃えるために細かな拡大縮小作業を繰り返してしまうと、画質は劣化していきます。特にいったん縮小した画像を拡大すると影響が出てしまうので、そのようなときはレイヤーを仮想域で調整できる［スマートオブジェクト］に変換して作業しましょう 01 ～ 06。

画像に別画像をドラッグ＆ドロップした場合は［スマートオブジェクト］として配置される

スマートオブジェクトの自由変形

通常の自由変形

元画像

解像度（再サンプル）［自動］で拡大した状態は［ディテールを保持（拡大）］で調整される

通常の［自由変形］で拡大した場合はツールプションの［補間］で補間方法を選択でき、初期設定では［バイキュービック法］が使用される

03

画像の調整

画像の調整は、『01 補正作業を行う前に』でも解説した通り、キャリ
ブレーションの取られたモニターで白を白として認識できる状態で行
うのがベストです。ただし、環境光などの影響もあるため、「ヒストグ
ラム」や「情報」を確認しながら作業を進めるようにしましょう。

色調補正の基本

色調補正を行うためには基準となるカラーが必要
で、基本的には白からグレーの中でもニュートラルグ
レーが画像内に収まっていることがベストです。

スタジオ撮影などの場合は、カラーチャートを撮影
しておくことで、基準となるグレースケールを得るこ
とができます。

野外撮影の場合でもカラーチャートを撮影しておく
ことは大切ですが、撮影の目的と基準色の関係を理
解しておく必要があります。冬の晴れた日などは、空
は青く、太陽はアンバーになるため、順光と逆光では
色合いは大きく変化します。被写体の本来のカラーを
重視するのか、全体の雰囲気を重視するのかによっ
て調整方法は変わります。

ホワイトバランス

ホワイトバランスの設定は、画像を調整するため
の重要な要素で、人間の目の順応や記憶に左右さ
れずに正確なカラーを再現するための基準となりま
す。ホワイトの基準は、昼間の太陽光の色の昼白色
（5000K（ケルビン）から5500K）で設定されます。
最近では、LEDライトに昼白色や昼光色（6500K）と
ともにケルビン数が表示されることが多いので、馴染
みのある方も多いでしょう。

電球色が約3000Kあたりとなっていることから分

かるように、5000から5500を中間の白として、数値
が下がるとアンバー系、上がるとブルー系の色にな
ります。キャリブレーションソフトなどに使用される、
ホワイトポイントD50やD65といった表記は5000K、
6500Kと同様のものです 01 、 02 。

また、Lightroomや［Camera Rawフィルター］を使
用して調整を行うと、［色温度］の低い側がブルーに
なっていますが、これはアンバーに対して補色として
のブルーという意味です 03 。

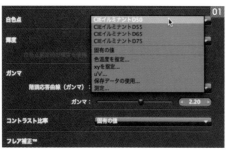

キャリブレーションソフトの白色点設定。D50は5000K

Appleの初期値はD65で、ディスプレイキャリブレータ・アシス
タントで設定変更が行える

RAWデータを［Camera Rawフィルター］で表示した
場合、色温度などは数値で設定され、数値を下げた側
がブルーになるのは補色表示となっているため

人間の目には順応性があり、明るさに対する明順応と同様にカラーに対しても順応するようにできています。

タングステンの環境光の中だと、最初はアンバーに見えていた物体が正常な色に見えるように順応していき、その中でホワイトバランスの設定されたカメラのプレビューを見ると青く感じる場合があります。また、タングステン光の店内やその環境光で撮影された料理などは、調整する段階でその記憶に基づいた調整を行うと、全体がアンバーになってしまう場合があります。

撮影されたカラーチャートのグレースケールがRGBの数値がほぼ均一となるように調整することで、ニュートラルな基準色を得ることができます。

同一光源内での商品撮影など、色を正確に表現したい場合は基準色で調整を行えばよいですが、イメージ訴求を優先したい場合は基準色に合わせると雰囲気を損なってしまう場合があります  〜 。

また、色の異なる光源、例えば、3000K電球色の室内と6500K外光の場合、ホワイトバランスをどちら側で採ったかによって全体の雰囲気は変化しますし、野外撮影の場合は光源は太陽のみであっても、空の色や周辺環境の反射によって変わってきます。そのような場合は、あくまでも基準としてカラーチャートやニュートラルグレーを撮っておき、全体の雰囲気に合わせて調整してください 09 〜 14。

ニュートラルグレーでホワイトバランスを採った状態。
カラーは正確になるが雰囲気は失われる

オートホワイトバランスで撮影された状態。雰囲気はあるが全体的にアンバーがかかった状態となる

04 の画像をアンバー側に調整した状態

店内などは雰囲気重視でもよいが、物や料理などは
08 のように本来のカラーを重視した方がよい

Chapter 1

[色かぶり補正] による変化。周辺に植物が多い
場合など反射によるグリーンの色被りが起こる
ケースがあり、カラーチャートの向きなどでホワ
イトバランスの値が変わってしまう

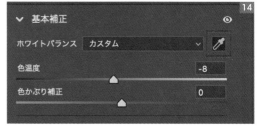

チャートのグレースケール部分のRGB値を均一になるように調整し、
調整の基準とする

グレーのRGB値を均一にするためのツールとして、[レベル補正]
や [トーンカーブ] のグレーポイントスポイトや、[Camera Rawフィ
ルター] のホワイトバランスツール (スポイト) がある

ヒストグラム

ヒストグラムは、[レベル補正]や[トーンカーブ]、[Camera Rawフィルター]、ヒストグラムパネルなどで確認することができます 01 〜 06。画像補正を行うために必要な要素で、8ビットカラーではRGB各色を256段階の棒グラフ状にしたもので、RGBカラーでは左側の0が「黒」、右側の255側が「白」になります。色はRGBの混色で表現されるので、カラーモードはRGBのまま彩度を落としてモノクロ画像に調整した場合、RGBは均一の山となります。

ヒストグラムの山は画像の状況に合わせて構成されますが、全体の山が低く両端の壁に当たっている部分が多い場合はコントラストが強く、両端の山がなく中間トーンに寄っているような場合はフラットな画像と言えます。基本的にはヒストグラムの範囲内全体に色要素が含まれるように調整しましょう 07 〜 10。

山が壁に当たっている状態の場合、白飛びや黒つぶれが起こり、単色が当たっている場合は色飽和が起こります。いずれも壁から先のトーンが再現されず、極端な場合は飽和部分が塗りつぶされたようになってしまいます。

CMYKに対して色の飽和している部分は[メニュー→表示→色域外警告]にチェックを入れることで確認できますが、白飛び黒つぶれ部分などは、[Camera Rawフィルター]のクリッピング警告で確認できます 11 〜 13。また、ヒストグラムは[カラー設定]で設定された作業用スペースの範囲となります 14 、15。

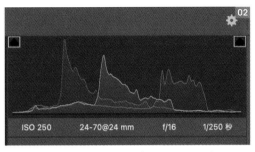

左の画像を[Camera Rawフィルター]のヒストグラムで表示

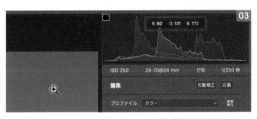

画像内にカーソルを合わせると、ヒストグラム内に情報が表示される

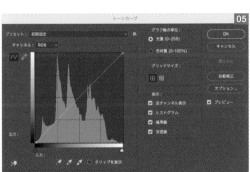

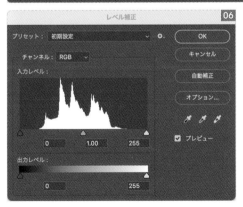

ヒストグラムは[トーンカーブ]、[レベル補正]に表示される

ヒストグラムパネルでは全チャンネル表示などの設定ができる

ノーマル画像のヒストグラム

アンダーに調整された状態

黒、白レベル両端側に情報がなく、トーンの浅い画像のヒストグラム

ブルーの黒レベル情報の少ない状態

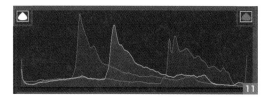

［Camera Rawフィルター］のヒストグラムのクリッピング警告
（この状態で黒つぶれとレッドの飽和が確認できる）

黒つぶれがブルー、白飛び（この画像ではレッド飽和）がレッドで確認できる

色域外警告（CMYK）

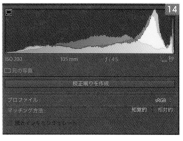
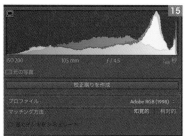

カラープロファイルの違いによる
ヒストグラムの変化

基本補正（レベル補正、トーンカーブ、Camera Rawフィルター）

画像の基本補正を行うためのツールには、[レベル補正]、[トーンカーブ]、[Camera Rawフィルター]などがあります。色域の範囲が数値で保持されているRAWデータがあれば、白飛びや黒つぶれを抑えた処理が行えますが、一度JPEGなどで出力されたデータはヒストグラム外の部分はデータとして表現されないので、つぶれてしまう部分を両端に近いグレーとなる

ように処理します。

RAWデータ用の[Camera Rawフィルター]をJPEG画像に使うこともできますが、データの残っていない黒側（ヒストグラム左側）の処理を行うためには、[基本補正]パラメーターだけではなく[カーブ]パラメーターを使用しなければ調整できない場合があります 01 ～ 06 。

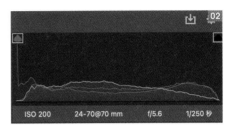

調整前

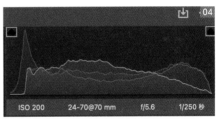

RAWデータでの調整ではヒストグラムで飽和している部分も数値データが残っているのでトーンが表示される

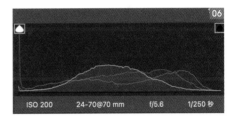

JPEGなどで出力された画像には飽和部分のデータはないため、[Camera Rawフィルター]の[基本補正]では補正しきれない

[Camera Rawフィルター]には複数のモジュールが搭載されており、調整結果を保持したまま別のパラメーターでの調整が行え、調整結果がヒストグラムにリンクするので結果を確認しながら基本調整を完結させることができます。また、[カーブ]パラメータと色調補正の[トーンカーブ]は同様の結果を得られますが、ダイアログの大きさからトーンカーブの方が多少細かな調整が行えます。

[レベル補正]の入力と出力をXY軸に配置したものが[トーンカーブ]で、中間調を複数のポイントを使用したカーブで滑らかなトーンで調整することができ

ますが、RGB個別のヒストグラム両端の調整であればレベル補正を使用した方が、直線上に配置されるので見た目に分かりやすく調整を行えます。

ヒストグラムの両端を詰める作業では、結果として色情報を分散させて拡げることとなるため、情報が歯抜けの状態となります。14ビットカラーのRAWデータの場合は数値の置き換えによって情報を平均化できますが、8ビットカラーのJPEGの場合は隣り合った歯抜けの部分を補間によって調整するため、いったん調整された画像を元に戻した場合、同じカラーには戻らない場合があります。

Chapter 1

03

●モジュールによる調整結果の違い

元画像

元画像をトーンが浅くなるように調整した状態

［Camera Rawフィルター］による調整（RGB全てに対して調整）

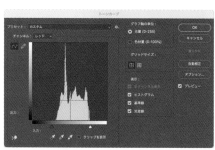

［トーンカーブ］による調整（RGB全てに対して調整）

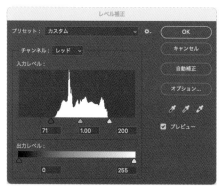

［レベル補正］による調整（RGB全てに対して調整）

●ハイライト、シャドウ調整の一連の流れ

RGBの両端の位置が同じ画像

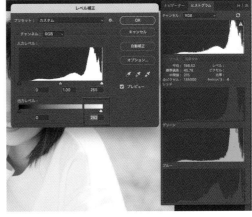

ハイライトの右側の壁に当たっている場合、出力レベルで調整

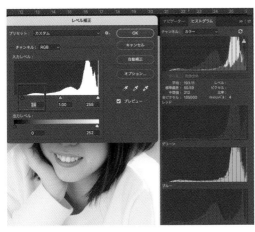

シャドウの左側の情報が足りない部分は、入力レベルで調整

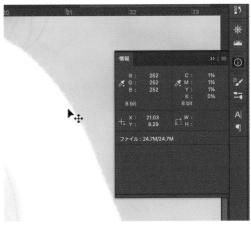

情報パネルで変更された部分を確認

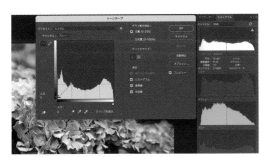

ブルーのみシャドウ側で色飽和を起こしているため、
ブルーのみ調整

調整結果

●中間トーンの調整（アンダー側）

［レベル補正］では［入力レベル］中央のスライダーを
右に移動させる

［トーンカーブ］はレベル補正の［出力レベル］をY軸に
配置することで、中間トーンをカーブで調整できる

［Camera Rawフィルター］では［基本補正］の6本の
スライダーと［カーブ］で調整が行える

ヒストグラム内を、黒レベル、シャドウ、露光量、、ハイライト、白レベルの5つのゾーンで移動させることでパラメーターにリンクして調整が行える

HDR調整

　HDR（ハイダイナミックレンジ）補正は、画像のシャドウとハイライト情報をニュートラルに近く寄せることで、カラーコントラストを弱めて全体のトーンを滑らかにする調整です。スマートフォンの撮影機能にも入っているため、聞いたことのある方も多いでしょう。HDR補正は［トーンカーブ］での調整も可能ですが、画像全体のコントラスト調整となるため、彩度などにも影響が出てしまいます 01 、 02 。

　HDR補正を行うモジュールは、［シャドウ・ハイライト］や［HDRトーン］、［Camera Rawフィルター］の［基本補正］があります。各々違った特性があり、調整しやすいのは［Camera Rawフィルター］です。基本補正の［ハイライト］をマイナス側、［シャドウ］をプラス側に調整してから［白レベル］［黒レベル］で微調整を行うことでHDR補正が完成します 03 。

　［シャドウ・ハイライト］は、詳細オプションの［シャドウ］［ハイライト］に［量］［階調］［半径］のパラメータ

があり、適用量、適用される階調の範囲、ピクセルの半径で調整を行います。［調整］の［カラー］で彩度調整、［中間調］でコントラスト調整を行います。［シャドウのクリップ］［ハイライトのクリップ］は、ヒストグラム両端からの白黒各々のクリッピング位置の設定で、数値を上げるとハイコントラストの画像になります 04 。

　［HDRトーン］はシャドウ側の領域を広げた状態での調整が行えるので、ダイアログを開いた段階でシャドウ側がかなり明るめに展開されます。［エッジ光彩］はエッジのカラーコントラスト調整、［トーンとディテール］の［ガンマ］は全体のコントラスト、［ディテール］はシャープさの補正です。［詳細］の［シャドウ］［ハイライト］でHDR調整を行いますが、シャドウ側はトーンカーブでの調整が有効です。ハイライト側のトーン調整は効果が薄いので、露出がアンダーの画像か、ハイライト側が調整済みの画像に使用するのが効果的です 05 。

元画像

［Camera Rawフィルター］によるHDR調整

［トーンカーブ］によるHDR調整

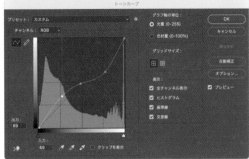

［シャドウ・ハイライト］によるHDR調整

［HDRトーン］によるHDR調整

Chapter 1

カラー調整

カラー調整は、基本的には［レベル補正］や［トーンカーブ］などの基本補正機能でRGB個別の調整が可能ですが、画像全体の調整や特定の色域に絞った調整を効率よく行えるカラー調整に特化したモジュールがあります。

カラー調整の基本

　カラー調整を行う場合、色の補色の関係を理解しておく必要があります。色相環の対角にある色が補色の関係となり、光の3原色（RGB）と色の3原色（CMY）は補色の関係です 01 〜 04 。あるカラーを強調した場合、その補色は彩度が落ちます。

　また、色相や彩度の調整を行うと、カラーの変化によって色飽和を起こす場合があるので、ヒストグラムを確認しながら調整を行ってください。

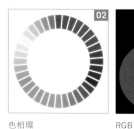
色相環

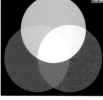
RGB

CMY

［色調補正］には複数のカラー設定モジュールがある

画像全体の彩度調整

　彩度調整を行うモジュールには、［色調補正］内の［自然な彩度］や［色相・彩度］があります。［Camera Rawフィルター］内にも［自然な彩度］と［彩度］があり、各々調整結果が異なります 01 〜 07 。

　また、［Camera Rawフィルター］の［基本補正］でコントラストなどを強調することで全体の彩度が上がる場合があるため、［基本補正］を行ってから彩度調整を行ってください。

元画像

［自然な彩度］は彩度強調は弱いが、色飽和は起こりにくい

［Camera Rawフィルター］（自然な彩度：100）

［自然な彩度］（彩度：100）

［色相・彩度］（彩度：100）

［Camera Rawフィルター］（彩度：100）

コントラスト調整で強調された彩度

色相・彩度

　［色相・彩度］では全体の調整のほかに、カラーごとの調整を行えます（全体調整は［マスター］で行います）。

　［色相］は色相環を開いてライン状に配置したもので、数値は角度を表し、+180と−180は同一の色相となります。［色相］パラメーターのカラーはあくまでも目安で、変更されたカラーの対比はダイアログ下のカラーで表示されます 01 ～ 04 。

［色相・彩度］ダイアログ

通常のカラーチャート

[色相：+180]とした場合の結果。
補色で調整される

特定カラーの変更は［マスター］となっている部分のプルダウンからカラーの系統を選択するか 05 、ダイアログ左下の［指］のアイコンもしくは［スポイトツール］で変更したいカラーを採取します 06 、 07 。調整範囲を拡げたい場合は［スポイト+］、縮小したい場合は［スポイト−］、もしくは、ダイアログ下の2本の色相環の間に配置されるスライダーで調整します 08 〜 12 。同系色が多く調整しきれない場合は、選択範囲を作成して調整してください 13 、 14 。

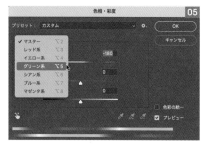

プルダウンからカラー系統を選択できる

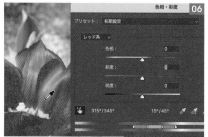

[指]アイコンもしくはスポイトで指定色を採取すると、色系統が変化する

指定されたカラーのみが調整される

元画像

空のシアン系を変更。空以外はカラーが変更されない

山のイエロー系統を変更

[スポイト－]や色相環の間のスライダーで調整

色調整の影響範囲が変更される

同系統のカラーが多いと、
変更しきれない場合がある

選択範囲を作成して調整

部分カラーの変更

　部分的なカラー変更を行えるモジュールには［色相・彩度］のほかに、［色の置き換え］や［特定色域の選択］などがあり、［Camera Rawフィルター］内の［カラーミキサー］でも調整が行えます。

　［色の置き換え］は、［色相・彩度］の部分カラー補正と同様なパラメーターです 01 。［スポイト］で採取したカラーを追加・削除して、［色相］［彩度］［明度］で設定したカラーに変更するもので、許容量をプレビュー画面で確認でき、カラーピッカーから変更色を選択できます 02 〜 06 。

　ただし、スマートオブジェクトの状態では使用できません。

［色の置き換え］
ダイアログ

変更したいカラーをスポイトで採取

下部の変更用カラーを編集し、[許容量]や[スポイト+−]で調整

[結果]のカラーをクリックすることでカラーピッカーが表示され、
[カラーライブラリ]で指定色などが確認できる

[カラーライブラリ]での変更

[メニュー→編集→フェード]で不透明度の調整が行える

[特定色域の選択]は、RGBCMYと白黒グレー要素に対して、CMYK4本のパラメーターで調整を行うものです。色系統の範囲の設定はできないためおおよその範囲となりますが、CMYパラメーターで特定カラー内の色要素、ブラックパラメーターで明度（黒要素）の調整が行えます **07**、**08**。

[特定色域の選択]では色系統に対して調整が行える

[選択方式]の[相対値]と[絶対値]で強度の変更が行える

[Camera Rawフィルター]内の[カラーミキサー]は色相、彩度、輝度に対して、RGBCMY（シアンはアクアと表示）にオレンジとパープルの8色のパラメーターで構成されています 。

設定範囲の調整はありませんが、画像内の変更したいカラーに[ターゲット調整ツール]を合わせてドラッグしながら移動させることで、構成色のスライダーとリンクして調整を行えます  ～ 。

[Camera Rawフィルター]の[カラーミキサー]

[色調補正]右側の[ターゲット調整ツール]で画像内のカラーに合わせた調整が行える

[ターゲット調整ツール]で調整した状態

[すべて]を選択すると、色相、彩度、輝度が一度に表示される

全体のカラー調整

全体的なカラー変更は、[レベル補正]や[トーンカーブ]などのRGB個別の調整で行えます。カラー調整に特化したモジュールとして、[カラーバランス]があり、RGBとCMYの補色調整をスライダーでコントロールできます 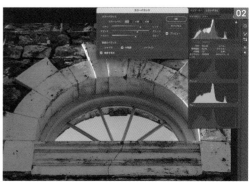、。

利点としては、command（Alt）+Bキーとショートカットが使いやすく、カラーチャンネルごとの調整が[レベル補正]などのようにチャンネル変更をせずに行えるため、直感的に操作できることがあげられます。

[カラーバランス]ダイアログ

[カラーバランス]でのカラー調整

また、[レンズフィルター]にはフィルム時代（現在でも使用されます）に使用されていたライトバランス系やカラーコントロール系のフィルターが収められており、コダック系の80番台やフジフィルム系のLBなど実際のカラーに近い設定があります。カスタムのピッカーでカラー設定も行え、適用量で濃度が設定できます  〜  。

[レンズフィルター]ダイアログ

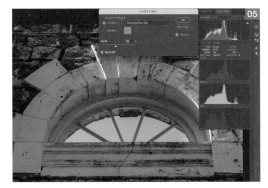

[フィルター]からカラーフィルターを選択、あるいは[カスタム]でカラーピッカーからカラー設定ができる

[適用量]で濃度を調整

モノクロ

カラーモード自体のモノクロへの変換は、[メニュー→モード→グレースケール]で行えますが、色要素は破棄されて明るさやコントラストの調整しか行えなくなります。最終的にグレースケールにする場合でも、

色情報の残っているモノクロ画像でトーン調整を行ってからの方が、よい結果が得られます。

モノクロ化は［彩度］を「0」とすることでも行えますが、［メニュー→イメージ→色調補正→白黒］や［Camera Rawフィルター］の編集を［白黒］として、［白黒ミックス］パラメーターを使用すると、カラーに対してのトーン調整を行えます 01 〜 06 。

また、［白黒］のダイアログの［着色］にチェック、あるいは［メニュー→イメージ→色調補正→レンズフィルター］、［Camera Rawフィルター］の［カラーグレーディング］でセピア着色などが行えます 07 〜 09 。

[白黒]ダイアログ

元画像

[メニュー→モード→グレースケール] でグレースケールに
変換した状態

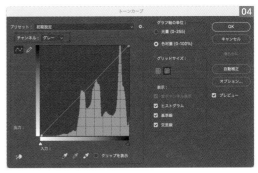

グレースケールでは色要素が破棄される

[白黒]で色要素に対して濃度調整が行える

[Camera Rawフィルター]での調整

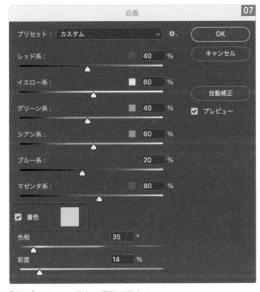

[着色]でモノクロ着色の編集が行える

着色された状態

原色系の多い画像の場合、[Camera Rawフィルター]の[彩度]を
調整して特定色以外をモノクロにすることができる

Chapter 1

05 選択範囲の作成

選択範囲は、画像の部分調整やレイヤーの作成などに使用されるもので、様々なツールやツールオプションでの設定が可能です。作成した選択範囲は選択範囲の内側もしくは外側に対して調整効果を与えることができ、コピーもしくはカット&ペーストすることで、レイヤーとすることができます。また、キーアクションを使用することで作業を手早く行えるので、ツールごとの特性を理解して作業を効率よく進めましょう。

選択範囲作成ツール

選択範囲を作成するためにツールパネルに用意されているツールは、[長方形選択ツール][楕円形選択ツール] 01 、[多角形選択ツール] 02 、[自動選択ツール] 03 、[ペンツール](パス) 04 のツール群です。

[自動選択ツール]は同系統のカラーに対して選択範囲を作成し、基本的にはレイヤーの透明部分に対して使用します。

[長方形選択ツール]と[楕円形選択ツール]。[一行一列選択ツール]は1ピクセルの幅を選択

[なげなわツール]はフリーハンド。[マグネット選択ツール]は画像のエッジに合わせて選択範囲が作成されるが、ピクセルの凹凸が出やすくなる

[オブジェクト選択ツール]は選択した範囲の1つのオブジェクトに選択範囲を作成。[クイック選択ツール]はエッジの繋がりを選択範囲にできる

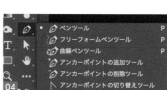

[ペンツール]

●選択範囲の作成例

元画像

[長方形選択ツール]で四角形の選択範囲を作成してレイヤー化した状態

[楕円形選択ツール]で円形の選択範囲を作成してレイヤー化した状態

[多角形選択ツール]でクリックしたポイントで多角形の選択範囲を作成してレイヤー化した状態

[ペンツール(パス)]でアンカーポイントとベジェ曲線を利用してパスを作成

パスを配置して選択範囲を作成し、レイヤー化した状態

パスの場合、ツールオプションあるいはパスパネルのメニューで[選択範囲を作成]を実行する。作成時に[ぼかしの半径]の設定が行える

ツールオプションとキーアクション

ツールオプションは各ツールによって異なった設定ができ、選択系ツールも同様にツールによって多少変わりますが、基本は同じです 01 。

[アンチエイリアス]は境界のジャギーなどを防ぐものです。[スタイル]の[縦横比固定]は比率を設定して選択範囲を作成します 02 。[固定]は縦横のピクセル数を設定して固定できるため、同一選択範囲を作成したい場合に使用します 03 。

また、[標準]で正方形や正円にしたい場合はshiftキー、中央から配置したい場合はoption〔Alt〕キー、正方形や正円を中央から描画したい場合はshift+option〔Alt〕キーを押しながらドラッグします。

選択系ツールのツールオプション

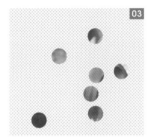

[スタイル]の[縦横比を固定]は比率を入力

[スタイル]の[固定]でピクセル数の設定を行い[選択範囲に追加]で、同サイズの選択範囲を複数配置できる

●選択範囲に追加（shiftキー）　　●選択範囲から削除（option〔Alt〕キー）　　●共通範囲（shift+option〔Alt〕キー）

重なった選択範囲が追加される　　　　重なった選択範囲が削除される　　　　重なった部分のみが選択範囲になる

被写体を選択

[メニュー→選択範囲]には複数の選択範囲用モジュールがあります 01 。[被写体を選択]は自動的に被写体の選択範囲を作成してくれる機能で、[自動選択ツール]のツールオプションからも実行できます 02 ～ 06 。

背景の状態などによって作成される選択範囲の精度は変わりますが、髪の毛の抜けといった今まで手間のかかった部分もかなりの精度で調整されるので、とても便利な機能です。

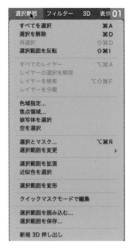

[メニュー→選択範囲] には選択範囲のモジュールが収められている

[被写体を選択] で選択範囲を作成

髪の毛など精度の高い選択範囲が作成される

複数人の画像でもある程度は調整できる

エッジのつながった部分などは選択範囲に入ってしまったり、逆に抜けてしまう部分もある

抜けた部分はクイックマスクなどで修整する

選択とマスク

　選択系ツールオプションのほとんどに配置されている [選択とマスク] は、選択範囲に対してマスクとブラシで調整を行うものです 01 、 02 。[選択とマスク] ダイアログで使用するツールには、[クイック選択ツール][境界線調整ブラシツール][ブラシツール] のブラシ系ツールと、[オブジェクト選択ツール][多角形選択ツール][なげなわツール] の選択系ツールがあります。

[自動選択ツール] のオプションには [被写体を選択] と [選択とマスク] がある

[選択とマスク] ダイアログには、左側にツール、上にツールオプション、右側に調整パラメータが配置されている

[選択とマスク]で人物画像を調整する場合、[被写体を選択]で人物に選択範囲を作成してからとなります。

[境界線調整ブラシツール]で[髪の毛を調整]を行うと、別の場所に影響が出る場合があるため、[属性]の[調整モード]を[オブジェクトに応じた]として、[エッジの検出]の[半径]を調整していったん適用し、その後クイックマスクモードなどで再調整したほうが効率がよい場合もあります 03 ～ 11 。

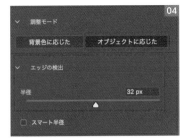

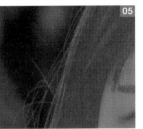

[エッジの検出]でエッジの調整範囲を設定

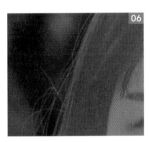

エッジの調整された状態

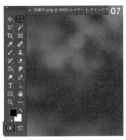

クイックマスクモードへはツールバーで切り替えられる

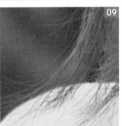

クイックマスクモードでは、[選択とマスク]と同様にブラシ等を用いて選択範囲を調整できる

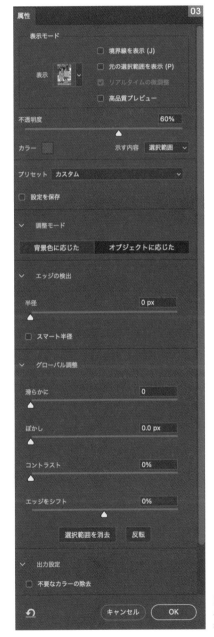

[オブジェクト選択ツール]は、通常画面のツールにもある。特定のオブジェクトを選択できる

[属性]にはマスクオプションや、エッジの調整パラメータが配置されている

　[グローバル調整]の[滑らかに]と[ぼかし]は[メニュー→選択範囲→選択範囲を変更]のモジュール　と同様ですが、[コントラスト][エッジをシフト]は[ぼかし]に対して調整されます 12 〜 21 。

[楕円形ツール]で選択範囲を作成し、[選択とマスク]を開く

[グローバル調整]の[ぼかし]で調整

調整結果

花びらに選択範囲を作成

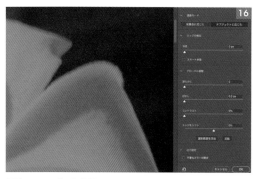

[選択とマスク]の初期値

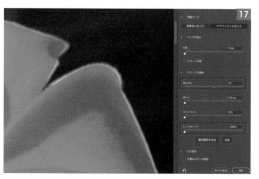

[滑らかに]と[エッジをシフト]を調整した状態

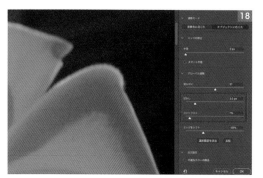

[ぼかし]と[コントラスト]を調整した状態

調整結果

[選択とマスク]ダイアログの[滑らかに]と[ぼかし]の
調整は、[選択範囲を変更]の調整と同様

[境界線]での調整

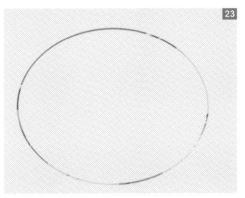

レイヤー化した状態

なお、[選択範囲を変更]の[拡張][縮小]
は設定ピクセル分で調整され、[境界線]は
設定ピクセル分の輪郭を設定できます 22 、
23 。

空を選択と空を置き換え

　髪の毛に選択範囲が作成できるのと同様、木の隙
間の抜けを選択範囲にできるのが[空を選択]です
01 。さらに、その技術を進化させたものが[メニュー
→編集→空を置き換え]です 02 、 03 。
　基本的には空に選択範囲を作成し、空がない場合
はアラートが表示されます。空の色に合わせた色被

りや明度などの調整が行え、適用後、レイヤーマスク
付きのレイヤーとしてレイヤーパネルに配置されるの
で、再調整が可能です 04 〜 09 。
　また、空の画像はプリセットで複数用意されていま
すが、読み込むことも可能です。

[空を選択]で選択された空（クイックマスク状態）

特定しにくい木の葉の隙間にも設定される

Chapter

1

[空を置き換え]ダイアログ

設定値はレイヤーパネルに配置され、調整が行える

元画像

置き換えた状態

空の雰囲気に合わせた色被りなども設定できる

空のない画像

配置できる場合もある

コンテンツに応じる

　［コンテンツに応じる］系のモジュールはいくつか
あり、消去して周辺に馴染ませたい部分に、選択範囲
を作成して、［メニュー→編集→塗りつぶし］や［コン
テンツに応じた塗りつぶし］で調整できます。

　基本的には広い風景の中に映り込んだ建物や人
などを、周辺の風景をソースにして消去するもので
す。［コピースタンプツール］などとの違いは、ソース
の変形や重ね合わせを自動で行い、自然な埋め込み

を行ってくれる点です。レイヤーに変換されていない
［背景］状態であれば、deleteキーで［塗りつぶし］
ダイアログが表示されるので、［内容］を［コンテンツ
に応じる］にして、適用とdeleteキーを繰り返すことで
調整結果が変更されます 01 ～ 03 。

　［コンテンツに応じた塗りつぶし］はダイアログ内
で、埋め込み用のソースを設定して調整を行えます
04 ～ 07 。

消去したい部分に選択範囲を作成してdeleteキーで消去

自動的にソースを設定して周辺の画像が埋め込まれる

［内容］を［コンテンツに応じる］とする

［コンテンツに応じた塗りつぶし］ダイアログ

サンプリングソースをブラシなどで設定できる

［出力先］を［新規レイヤー］とし
ておくことで、レイヤーとして配置
されるので、変形などの再調整が
可能となる

06

変形

画像を変形させる目的には、画像自体の矯正のほか、部分的な補正、選択範囲の変形などがあります。様々なシーンで使用され、モジュールもメニューなど各所に配置されています。変形方法はモジュールによって異なりますが、バウンディングボックスを操作するなど直感的に作業できるものが多くあります。

変形の基本

基本的な変形には、[メニュー→編集→自由変形]や[変形]があります。レイヤー化された画像に対しては、command〔Ctrl〕+Tキーや右クリック（もしくはcontrol+クリック）メニューで[自由変形]が選択でき、さらに右クリックで[変形]メニューが表示されるため、手早く操作できるようになっています 01 ～ 05 。

画像内の右クリックメニュー

[変形→ゆがみ]
四辺のバウンディングボックスで菱形、四隅で角のみ垂直もしくは水平移動

[変形→遠近法]
四辺のバウンディングボックスで菱形、四隅で台形

[変形→自由な形に]
四辺四隅のバウンディングボックスで自由位置に変形

[変形→垂直方向に反転]

[Camera Rawフィルター]の[ジオメトリ]

また、[Camera Rawフィルター]内の[ジオメトリ]には矯正用パラメータやツールがあり、[自由変形]では手間のかかる作業を容易に行うことができます 06 ～ 12 。

基本的に変形作業は部分的にでもピクセルを変形させた補間が行われ、再調整による繰り返しの作業が多くなるため、画質の劣化が起こります。劣化を防ぐために、スマートオブジェクトに変換して作業を行いましょう。

手動で垂直補正

手動で垂直・水平補正して、[拡大・縮小]でトリミング

[Upright：フル]手動変形のパラメータにはリンクしない

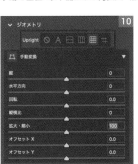

[Upright：ガイド付き]2本以上のガイドを画像内に配置

変形結果

ワープとゆがみ

　[ワープ]は[メニュー→編集→変形]、もしくは[自由変形]のツールオプションから設定することができます 01 、 02 。

　[自由変形]から設定する場合は、グリッドは[デフォルト]での調整となり、画像内と四隅のハンドルで変形を行います。[グリッド]にある5×5は25分割されたマスごとに調整が行えるもので、[デフォルト]とは異なります。グリッドのラインは[分割]で追加することができ、[ワープ]ではプリセットの変形を使用できます 03 〜 07 。

ワープモードにした状態

[自由変形]から[ワープモード]に変更したツールオプション

四角を調整

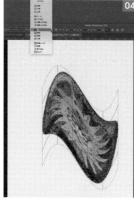

プリセットの［ワープ：旗］を選択。
再調整が可能

［分割］でラインを追加できる

横ラインを追加

［グリッド：3×3］9分割の各ボックスごとに
調整できる

フィルターの［ゆがみ］は、［ブラシ
ツールオプション］で設定されたブラ
シでの変形や、［顔ツール］と［顔立ち
を調整］によって、輪郭や、目、鼻、口
の大きさなどを調整することができま
す 08 ～ 14 。
　また、マスクを設定することで、マス
ク以外（［マスクオプション］の［すべ
てを反転］にするとマスク内）のみを変
形させることができます 15 、 16 。

● ［ゆがみ］フィルターのツール

─［前方ワープツール］ブラシの移動方向に歪ませる。shiftキーで直線移動

─［再構築ツール］調整を元に復元していくブラシ

─［スムーズツール］滑らかでない部分を修復する。メッシュがスムーズに
　なると調整幅が弱まる

─［渦ツール - 右回転］ブラシ内を渦巻状に変形。option〔Alt〕キーで左回転

─［縮小ツール］ブラシ内を縮小変形させる。option〔Alt〕キーで膨張

─［膨張ツール］ブラシ内を膨張変形させる。option〔Alt〕キーで縮小

─［ピクセル移動ツール］ブラシを上下に移動で左右側に、左右に移動で
　下上側にブラシサイズに合わせて移動

─［マスクツール］マスクを配置

─［マスク解除ツール］マスクを消去

─［顔ツール］画像内の顔に配置されるラインを編集。［顔立ち調整］とリン
　クする

［ゆがみ］フィルターの［顔ツール］

［顔立ちを調整］パラメーターで変形

元画像

［前方ワープツール］でボディラインを
変形

元画像

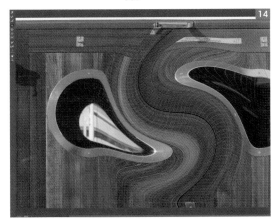

［渦ツール-右回転］をoption〔Alt〕キーで左回転変形

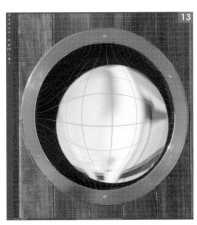

［膨張ツール］で変形

［マスクツール］でマスクを配置

マスク部分以外が変形

Chapter 1

Vanishing Pointと遠近法ワープ

フィルターの［Vanishing Point］はパースに合わせたボックスを作成し、画像を移動させて配置するものです。同一面だけではなくパースの異なる部分に（もしくは部分から）配置することができます 01 〜 04 。

［遠近法ワープ］はパースに合わせたボックスを配置して、その面をバウンディングボックスでパースを強調したり、なくしたりするもので、画像全体もその調整に合わせて変化します 05 〜 08 。

元画像

［Vanishing Point］の［面作成ツール］で正面と左の建物に合わせたボックスを配置し、［選択ツール］で右のボックス内を選択し、option〔Alt〕キーを押しながら移動させて調整

壁に［面作成ツール］でボックスを配置し、閉まった窓周辺を［選択ツール］で選択し、command〔Ctrl〕キーを押しながら、下の窓を配置

［遠近法ワープ］

［遠近法ワープ］で建物の3面にボックスを配置して［ワープ］をクリックして調整

［ワープ］ボタン横にある［縦や横に自動でワープ］をクリックして調整

コンテンツに応じて拡大・縮小

　特定のスペースに写真をレイアウトする際、画像の縦横比がそのスペースに合っていなければ、縦もしくは横をトリミングします。その際、トリミングするとメインの被写体が切れてしまうことがあります。このような場合、被写体周辺の背景を拡げることで対処しなくてはなりません。

　拡げる範囲が広くなるほど、背景のラインに歪みが生じるなどの違和感が出てしまいます。［コンテンツに応じて拡大・縮小］は、違和感を極力抑えた調整が行えます 01 ～ 03 。

元画像

両サイドに選択範囲を作成し、［自由変形］で広げた画像

両サイドに選択範囲を作成し、［コンテンツに応じて拡大・縮小］で広げた画像

07

フィルター

[フィルター]メニューには、ここまで紹介した補正系、変形系など様々な種類のフィルターがあります。他の機能と同様、初期バージョンから搭載されているものから近年に追加されたものまで混在し、ダイアログの仕様も様々で、ダイアログのないものもあります。似たような働きをもつものも多くあるので、適用結果を確認しながら調整しましょう。

シャープ

シャープ系フィルターの中では[アンシャープマスク]が手軽で最もよく使用されるもので、[シャープ（強）]や[シャープ（輪郭のみ）]はダイアログがなく、ピクセルに対して一定値で効果を与えるものです。

[スマートシャープ]は比較的新しいフィルターで、レンズによるボケやブレに対してのシャープ調整が行えます。シャープ調整は、強調しすぎるとエッジ周辺に輪郭やノイズが出てしまうので、プレビューや拡大表示を確認しながら作業しましょう。

●アンシャープマスク
[量][半径][しきい値]のスライダーで調整を行います。[量]と[半径]のバランスで調整し、際立った輪郭を[しきい値]で馴染むように調整します。

元画像

調整後

[アンシャープマスク]ダイアログ

●スマートシャープ
スマートシャープは、[量]と[半径]で調整を行い、[ノイズを低減]でノイズ調整を行えるフィルターで、[シャドウ]と[ハイライト]で明度に応じた補正も行えます。[量]と[半径]で輪郭が出ないように調整を行い、際立ったシャドウやハイライトを[補正値]と[階調の幅]で調整します。[階調の幅]は数値を増やすほどトーンを平均化します。

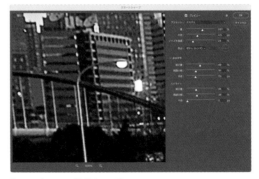
[スマートシャープ]ダイアログ

調整前

エッジが強調された状態

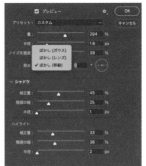

[除去]にはブレに対する[ぼかし（移動）]もある

ノイズ

　ノイズには、高感度ノイズ、長時間露光ノイズやアンダー画像を明るく調整した場合に起こるノイズがあり、グレーノイズとカラーノイズが発生します。カラーノイズは長時間露光などによって、センサーのRGB値が強調されてしまうことによって発生するもので、現実のカラーとは異なります。ノイズの軽減処理は、まずカラーノイズを除去して、次にグレー（斑点）ノイズの処理を行いましょう。

●ノイズを軽減

ノイズ処理の中では詳細設定ができるフィルターで、[基本]パラメーターと[詳細]のチャンネルごとの調整が行え、[JPEGの斑点を削除]は画像の状況に合わせてチェックを入れます。調整のバランスによっては、モアレのようなノイズが出てしまう場合があり、その場合には前掲の[スマートシャープ]の[ノイズを軽減]と[シャドウ][ハイライト]を使用して処理します。

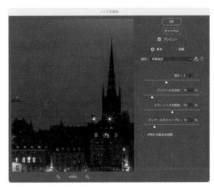

[ノイズを軽減]ダイアログの[基本]

[詳細]

元画像

拡大すると、カラーノイズが目立つ

調整後。モアレのようなノイズが残る

[スマートシャープ]で[ノイズを軽減]をかける

処理後

●ノイズを加える

ノイズ低減処理を行う場合、ある程度のグレーノイズは残しておくようにしないと、粒状感が失われ、画像全体がフラットな印象になってしまいます。そのような画像には［ノイズを加える］で大きさの揃った粒状感を与えます。

元画像

［ノイズを加える］ダイアログ　　拡大すると、粒状感がなくフラットな印象になる　　ノイズが追加された状態

●ダスト&スクラッチ

撮影台やセンサーにのったゴミの処理が行えますが、被写体にも影響が出てしまうため、被写体周辺に大まかな選択範囲を作成して調整します。画像全体のノイズの低減には使用できません。

センサーにのったゴミを除去するために、被写体周辺にマスクを配置

［ダスト&スクラッチ］ダイアログ

元画像

●Camera Rawフィルター（ディテール）

［Camera Rawフィルター］の［ディテール］には［シャープ］と［ノイズ軽減］、［カラーノイズの軽減］パラメータがあり、シャープとノイズ軽減が一括で行えます。

調整結果

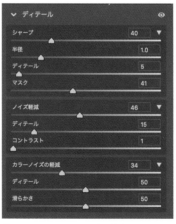

［Camera Rawフィルター］の［ディテール］

ぼかし

画像全体をぼかすモジュールは、フィルターの［ぼかし］もしくは［ぼかしギャラリー］にあります。

基本的なぼかし調整は、従来から使用されている［ぼかし（ガウス）］となり、［ぼかし（移動）］と［ぼかし（放射状）］の使用法をあわせて覚えておけば、ほとんどのぼかし作業を完結できます。

ほかにはエッジを残して人肌の調整などに使用される、［ぼかし（詳細）］やレイヤーマスクなどを使用し

て段階的なぼかしを設定できる［ぼかし（レンズ）］などがあります。

［ぼかしギャラリー］は、通常は複数のレイヤーを用いてパーツごとにぼかしていく必要のあるような効果を1つのダイアログで設定できるものです。ボケのコントラストやストロボ効果、ノイズなどを与えることができます。

●ぼかし（ガウス）
最も一般的に使用されるぼかしフィルターで、ぼかしのピクセル半径で調整します。

［ぼかし（ガウス）］ダイアログ

調整後

●ぼかし（シェイプ）
シェイプの形状に合わせたボケを演出するフィルターで、コントラストの強い部分で確認すると、形状の違いを確認できます。

［ぼかし（シェイプ）］ダイアログ

調整後

●ぼかし（詳細）
細かなエッジを残して輪郭以外をぼかします。［モード］の［エッジのオーバーレイ］などで、アーティスティックな表現もできます。

［ぼかし（詳細）］ダイアログ

調整後

●ぼかし（移動）
角度と距離を設定して、移動の効果を与えます。

［ぼかし（移動）］ダイアログ

調整後

Chapter 1

●ぼかし（放射状）

放射状もしくは回転の移動効果を与えます。

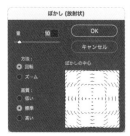

[ぼかし（放射状）]ダイアログ

調整後

●ぼかし（表面）

［ぼかし（詳細）］よりぼかし幅の広いエッジを残した
ぼかし調整を行えます。

[ぼかし（表面）]ダイアログ

調整後

●フィールドぼかし（ぼかしギャラリー）

通常のぼかしフィルター。ピンを複数配置して、ボケ
の調整範囲を変更できます。

[フィールドぼかし]の設定画面

●ぼかし（レンズ）

ソースに合わせた段階的なぼかし効果を与えます。
ハイライトやノイズ虹彩絞りの設定なども行えます。

[ぼかし（レンズ）]ダイアログ

調整後

●虹彩絞りぼかし（ぼかしギャラリー）

ピンの中央から外側に向けてぼかしを与えます。外
側のバウンディングボックスで形状の変更、内側のポ
イントで内側への調整幅を変更できます。

[虹彩絞りぼかし]の設定画面

●チルトシフト（ぼかしギャラリー）
ライン状に中心から外側に向けてぼかしを与えます。

●パスのぼかし（ぼかしギャラリー）
パスを配置した始点と終点に向けて、移動のぼかし範囲を調整できます。

[チルトシフト]の設定画面

[パスのぼかし]の設定画面

●スピンぼかし（ぼかしギャラリー）
調整範囲の内側に円形の移動ぼかしを与えることができ、複数配置することもできます。

●効果とモーション効果（ぼかしツール）
ぼかしツールでは、各モジュールごとに、[効果][モーション効果][ノイズ]が適用され（一部適用されない効果もある）、複合調整で光のコントラスト調整やストロボ効果を演出できます。

[スピンぼかし]の設定画面

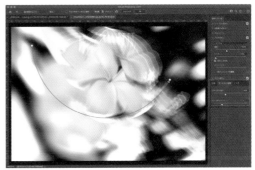

[パスのぼかし]の[モーション効果]の設定画面

フィルターギャラリー

フィルターギャラリーには、[アーティスティック][スケッチ][テクスチャ][ブラシストローク][表現手法][変形]の中に複数のアート系フィルターがあり、手法や素材に合わせた調整が行えます 01 〜 06 。

ギャラリー内のモジュールは重ね合わせが可能ですが、フェードなどの調整はありません。効果を調整したい場合は、複製したレイヤーに個別に適用後、レイヤーの[不透明度]などで調整します。

[アーティスティック：ネオン光彩]

[スケッチ：クロム]

Chapter 1

[テクスチャ→モザイクタイル]

[ブラシストローク→墨絵]

[表現手法→エッジの光彩]

[変形→海の波紋]

ピクセレート、表現手法

　[ピクセレート]は、画像全体を一様な点表現に変換するタイプのフィルターです 01 ～ 03 。

　[表現手法]は、エッジに対して処理を行うフィルターや、[ソラリゼーション]や[油彩]といったアーティスティック技法などが収められています 04 ～ 07 。

[ピクセレート→カラーハーフトーン]印刷の網点のような表現

[ピクセレート→メディティント]版画の凹版画のような表現

[ピクセレート→水晶]水晶のような面の表現

[表現手法→ソラリゼーション]写真プリント現像時の手法

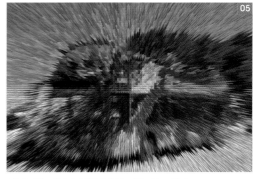

[表現手法→押し出し]設定範囲で押し出しの効果

[表現手法→油彩]写真プリント油絵のような効果

[表現手法→輪郭検出]輪郭をスケッチ風に表現

描画

　特定の描画を行うフィルターで、[ファイバー]や[雲模様]はレイヤー全体に描画され 01 、[逆光]や[照明効果]はライト位置などを移動して調整を行います 02 、 03 。また、[炎][ピクチャーフレーム][木]はCG画像を画像内に配置します 04 、 05 。

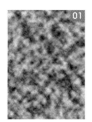

雲模様

[逆光]ダイアログ

逆光の効果を与えたもの

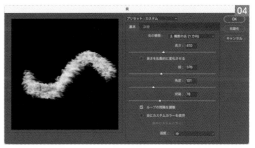

[炎]ダイアログ

パスに対して配置される

変形

形状を変化させる[変形]のフィルターは、[ゆがみ]フィルターの方が細かく調整できるものが多くあります。

ただし、数値設定で同一の歪みを発生させる[波形]や、座標位置で変形させる[極座標]など、[ゆがみ]フィルターでは調整しにくいフィルターが含まれています 01 〜 06。

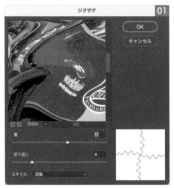

[ジグザグ]ダイアログと調整結果

[球面]ダイアログと調整結果

[極座標]ダイアログと調整結果

ニューラルフィルター

Adobe Senseiと呼ばれるAIを利用したフィルターで、顔抽出機能を使用した顔の調整や、ノイズの低減など複数の機能があり、ダイアログ内でのかけ合わせもできます 01 〜 05。

フィルターはクラウドから各々ダウンロードすることになっていて、ベータに関しては仕様変更される可能性があり、今後機能が追加される予定です。

[肌をスムーズに]パラメーター

[スタイルの適用]パラメーター

［深度ぼかし］パラメーター

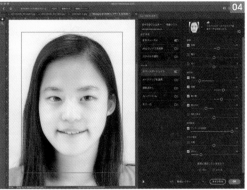

［スマートポートレイト］で［笑顔］
を調整

元画像

Camera Rawフィルター

　Lightroomの現像モジュールと同様の構成で、RAWデータだけではなくJPEG画像なども現像調整が行えます。

　基本的な調整以外に、画像矯正、ノイズ、シャープネス、カラーなどの調整をダイアログ内で行うことができ、ゴミ取りなどが行える［スポット修正］や円形、段階、ブラシを使用した調整フィルターが配置されています 01 〜 04 。

［Camera Rawフィルター］の［基本補正］

［Camera Rawフィルター］の［補正ブラシ］

［基本補正］のパラメーター（左）と
［補正ブラシ］のパラメーター（右）

08 レイヤー

例えば、部分的なカラー調整であれば、選択範囲を作成して調整を行えますが、調整を進めた後に再調整を行うためには、ヒストリーで戻らなければならなくなります。そのような場合、レイヤーを作成して調整を行えば、再調整も簡単です。あとから不要だと感じた場合も、レイヤーを削除するだけで効果を取り消せます。

レイヤーの基本

レイヤーは画像に多層構造をもたせる機能です。空のレイヤーを作成するほか、コピー＆ペーストで画像を貼り付けたり、複製することでもレイヤーを重ねられます。レイヤーパネルはPhotoshopで最も操作する頻度の高いパネルです。

レイヤーを重ねて調整を行う場合、[スマートオブジェクト]に変換しておくことで、仮想領域で拡大・縮小したり、[スマートフィルター]が利用できるようになるため、適用後の再調整が簡単に行えます。

スマートフィルターと効果

[スマートオブジェクト]に変換後にフィルターを適用すると、フィルターが[スマートフィルター]として配置されます（一部適用されないものもあります）。適用後でも、ダブルクリックするとダイアログが表示され、設定を再調整できます 01 ～ 03 。

レイヤーアイコンをダブルクリックして表示される[レイヤースタイル]は、パネル内では[効果]と表示されます。[スタイル]には様々なプリセットが収められており、[レイヤー効果]ではドロップシャドウなどを個別に適用できます 04 ～ 07 。

レイヤーをスマートオブジェクトに変換

[背景]から[スマートオブジェクト]アイコンの付いたレイヤーとなる

[スマートフィルター]や[効果]は展開ができ、各々アイコンが追加される

[スタイル]には複数のレイヤー効果を組み合わせたプリセットが用意されている

[レイヤー効果]パネル

テキストレイヤーには［効果］のみが配置でき、フィルター効果などを与える場合は、ラスタライズする必要がある

レイヤーを使用して配置された画像

レイヤーパネル

　レイヤーパネルにはレイヤーを操作するためのツールが収められており、全体のメニューは［メニュー→レイヤー］とほぼ同様です  01。選択したレイヤーを右クリック（もしくはcontrol＋クリック）すると、個別レイヤーのメニューが表示されます 02。

　パネル上段には、絞り込み表示用のメニューやアイコンがあり、例えばテキストレイヤーのみを表示させて、レイヤースタイルの移動やコピーなどを容易にするといったことが可能です 03 〜 05。

　デフォルトで［通常］となっている［レイヤーの描画モードを設定］で、描画モードの変更が行えます 06 〜 09。描画モードは、重なったレイヤーに対して通過する効果を与えるもので、［背景］には適用できません。

レイヤーパネルのメニュー

レイヤーごとのメニュー

レイヤーの絞り込み

描画モードメニュー

テキストのみで絞り込んだ状態

効果を別のテキストレイヤーにコピーした状態

Chapter 1

描画モード［オーバーレイ］

描画モード［ハードミックス］

描画モード［ハードミックス］と下の
レイヤーに［差の絶対値］

　［ロック］には透明ピクセル、画像ピクセル、移動などのロックがあり、クリックしてオン／オフを切り替えられます 、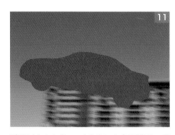。

［透明ピクセル］をロック

　［不透明度］と［塗り］はスライダーもしくは数値入力で透明度を変更できます。［不透明度］はドロップシャドウなどのレイヤー効果にも影響しますが、［塗り］はレイヤー効果には影響しないという違いがあります 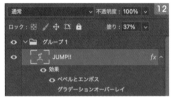、。

透明ピクセルをロックしないと全面塗りつぶしとなる

［不透明度］はレイヤー全体に、［塗り］は［効果］以外に適用される

　レイヤーパネル下部には、レイヤーのリンク、レイヤースタイルの追加、レイヤーマスクの追加、調整レイヤーの追加、グループの作成などの機能ボタンがあります 。リンクは移動などを行う際に複数のレイヤーをセットにする機能です。位置関係を崩したくないレイヤー同士に使います。レイヤーマスクは、レイヤーの一部をマスクする（隠す）機能です 。

レイヤーパネル下部のボタン

レイヤーマスク付きの画像

　例えば、画像の右側を透明にしたい場合、選択範囲を作成して消去してもよいですが 、レイヤーマスクを利用すると元の画像は消去せずにすむため、あとから表示部分を変更したり、マスクの再調整やフェードなどが行えます。また、スマートオブジェクトに対しても適用可能です 。

レイヤーに選択範囲を作成し、消去した状態

レイヤーマスクを配置した状態。元画像が残っているので再調整が可能

調整レイヤーは、色調補正の機能をレイヤーの形で適用します。[メニュー→イメージ→色調補正]から適用した場合は、選択しているレイヤーのみに適用され、一度適用したらあとで再調整することができません。調整レイヤーの場合はそれより下の全てのレイヤーの表示結果に対して適用され、プロパティで設定値を再調整できます。また、レイヤーマスクを利用すれば部分的に適用することも可能です 18 ～ 22 。

調整レイヤーメニュー

配置した下のレイヤー全てに適用され、プロパティで調整可能

背景の上に配置した調整レイヤーの[トーンカーブ]

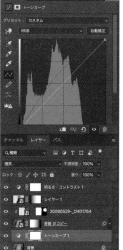

　調整レイヤーを1つのレイヤーのみに適用させたい場合は、[クリッピングマスクを作成]を選択すると、直下のレイヤーのみに適用されます 23 、 24 。

右クリックのメニューから[クリッピングマスクを作成]を選択

クリッピングされた直下のレイヤーのみに効果が適用される

Chapter 1

　また、クリッピングマスクは通常のレイヤーにも適
用することができ、透明部分やマスク以外の部分に
画像を重ねることができます 25 ～ 30 。

画像を配置

クリッピングマスクにする

マスクに合わせて配置される

プロパティでマスクの調整を行い、不透明度の調整を行った状態

風景写真のレタッチ

Chapter 2

01

山野の風景画像を補正する

After

山野の風景は、青や緑の色をどのように
表現するかで印象が変わります。ここで
は、[Camera Rawフィルター]を利用し
た基本的な色調補正の手順をみていき
ましょう。

Before

プロはこう考える

Step 1

水平の調整をして画面に
安定感をもたせる

Step 2

霞んでいる遠くの風景も
クリアになるように補正

Step 3

コントラストや鮮やかさを補正して
全体にメリハリを出す

画像の角度補正

·01·

はじめに画像の水平・垂直の角度補正から行います。

画像を開き **01**、[背景]をコピーして角度補正用のレイヤーを作成します。

[切り抜きツール]を選択し、ツールオプションの[コンテンツに応じる]にチェックを入れておきます **02**。これにより、元の画像の外部の領域をコンテンツに応じて自動的に周囲と調和する画像で塗りつぶすことができます。

補正する画像を開く

[切り抜きツール]のオプションで[コンテンツに応じる]にチェックを入れる

·02·

[切り抜きツール]で画像の上をクリックし、カーソルを画像の四隅に移動します。回転のマークに変わったら、グリッド線を参考にドラッグして角度を調整します(ここでは水平のラインを調整) **03**。

調整できたら右上の[○]のアイコン、もしくはenterキーを押して確定します **04**。

画像が足りない部分(ここでは白の部分)は自動的に画像が補足され、あわせて水平のラインも補正されます **05**。

[切り抜きツール]で角度を調整

調整結果

Camera Rawフィルターを使った色補正

·01·

色補正を行う前に、レイヤーをスマートオブジェクトにします。
スマートオブジェクトにすることで、元の画質を維持したまま画像の補正を行うことが可能になります。
スマートオブジェクトにしたいレイヤーを選択し、[メニュー→レイヤー→スマートオブジェクト→スマートオブジェクトに変換]、もしくはレイヤーパネルの右上のメニューから[スマートオブジェクトに変換]を選択すると 、レイヤーがスマートオブジェクトに変換されます 。

レイヤーパレットのメニューから選択

スマートオブジェクトに変換するとレイヤーにアイコンが表示される。ここではレイヤーを複製した上でスマートオブジェクトにしているが、複製せずに直接変換しても問題ない

·02·

[Camera Rawフィルター]で補正を行います。
[Camera Rawフィルター]とは元々Adobeのプラグインとしてスタートした、RAWデータ現像ソフトがPhotoshopにフィルター機能として追加されたものです。
「RAWデータ」だけでなく、「JPEGデータ」や「PSDデータ」にも使用でき、露出やホワイトバランスなど、写真的な編集が行えます。
[Camera Rawフィルター]はRGB画像専用の機能なので、使用する際はカラーモードをRGBに変更しておくとよいでしょう。

スマートオブジェクト化したレイヤーを選択し、[メニュー→フィルター→Camera Rawフィルター]を選択します。
ダイアログが表示されるので 、[補正前と補正後の表示を切り替え]アイコンをクリックして2画面表示にしておくと、元画像との効果の差を分かりやすく比較することができます 、。

[Camera Rawフィルター]ダイアログ

ダイアログ右下のアイコンで表示を切り替えられる

補正前と補正後を比較しながら調整できる

·03·

[基本補正]のタブを開き、明暗の補正を行います。[露光量]のスライダーを右に移動し、全体を明るく補正します 06 、 07 。
続いて[コントラスト]のスライダーを右に移動し、全体のメリハリを出します 06 、 08 。コントラストを強くしすぎても違和感が出るので、補正前後を比較してコントラストの違いが分かる程度に調整するとよいでしょう。

[露光量：+0.70]で明るく調整

さらに[コントラスト：+25]でメリハリをつける

·04·

次に鮮やかさの補正を行います。
[彩度]のスライダーを右に移動して調整し（ 09 10 ）、続いて[自然な彩度]を右に移動して調整します 09 、 11 。
[彩度]を調整して全体の鮮やかさを補正したあと、[自然な彩度]で足りない鮮やかさを補うように補正するとよいでしょう。

[彩度：+25]で鮮やかさを調整

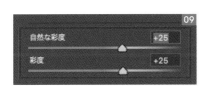

さらに[自然な彩度：+25]で調整

·05·

次に色温度の補正を行います。
[色温度]のスライダーを左に移動し調整します **12**。少しだけ寒色系にすることで青みが強くなり、晴々とした空に補正することができます **13**。
また[色かぶり補正]のスライダーもあわせて調整します **12**。これにより山々の緑の発色も少し強めることができました。ここでは黄色の要素を弱めることで緑の発色を強くしています **14**。

［色温度：−7］で空の色を調整

さらに［色かぶり補正：−8］で緑の発色を調整

·06·

かすみを除去してよりクリアな画像に補正します。
[かすみの除去]を調整することで、細かい部分や遠くのかすんだ部分もハッキリと立体的に補正することが可能になります。[かすみの除去]でスライダーを右に移動します **15**。元の画像と比較しながら、不自然な感じにならない程度に画像に合わせて調整するとよいでしょう **16**、**17**。

［かすみの除去：+20］で全体をクリアに調整

色補正前の画像

·07·

色ごとに補正を行います。

[カラーミキサー]タブを開き、[色相]を選択して調整したい色を選択し、スライダーを調整します。

ここでは[グリーン]と[ブルー]を選択して調整します 18 、 19 。

続いて[彩度]を選択し、同様に[グリーン]と[ブルー]を選択して調整します 20 、 21 。

最後に[輝度]を選択し、同様に[グリーン]と[ブルー]を選択して調整します 22 、 23 。

[色相]で[グリーン：+7]と[ブルー：-8]に調整

さらに[彩度]で[グリーン：+15]と[ブルー：+12]に調整

さらに[輝度]で[グリーン：+11]と[ブルー：-17]に調整

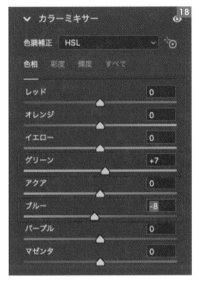

[色相]の設定

[彩度]の設定

[輝度]の設定

Chapter 2

·08·

最後に［ディティール］タブを開き、［シャープ］のスライダーを右に移動すると、全体のエッジが強調されます、。

効果をかけすぎると違和感が出るので、こちらも画像を見ながら少しシャープの効果が分かる程度に調整するとよいでしょう。

最後に［シャープ：17］でエッジを調整

色補正前の画像

補正前の画像と比較しながら［Camera Rawフィルター］内での調整が終わったら、右下の［OK］ボタンを押して効果を確定させます。

もし再度微調整を行いたい場合は、レイヤーの［Camera Rawフィルター］をダブルクリックすると先程の編集画面に戻れるので、画像に合わせて再調整するとよいでしょう。

スマートフィルターの［Camera Rawフィルター］をダブルクリックして再調整できる

02

街の風景画像を補正する

After

Before

街の風景は人工物が入り込むことが多いため、山野よりも複雑な風景になり、画像を全体的に補正するだけではうまくいかないことがよくあります。ここでは、空と川の2つのマスクを作成して、個別に補正したあとで、全体の補正を行ってバランスをとります。

写真撮影：高嶋一成

プロはこう考える

Step 1
暗く見づらい箇所が
見えるように

Step 2
被写体ごとに
マスクを分けて補正

Step 3
ホワイトバランスを調整して
晴々としたイメージに

Chapter 2

Camera Rawフィルターを使った色補正

01
補正する画像を開き、続いてレイヤーをスマートオブジェクト化します。スマートオブジェクト化することで、元の画質を維持したまま画像の補正を行うことが可能になります。

スマートオブジェクトにする方法は、72ページを参照してください。

レイヤーが背景のみの場合は、[背景]から[レイヤー0]になり、スマートオブジェクトのアイコンが付けば設定完了です **01** 。

ここでは[Camera Rawフィルター]を使用して補正を行っていきます。

[Camera Rawフィルター]については、72ページを参照してください。

2画面表示にしておくと、元画像との効果の差を分かりやすく比較することができます **02** 。

[背景]をスマートオブジェクトに変換

[Camera Rawフィルター]ダイアログ

·02·

はじめに[補正ブラシ]を選択します **03** 。画像は下の部分が暗くなってしまっているので、部分的に明るく補正を行っていきます。

まずブラシのサイズを調整します。実線はブラシのサイズを表し、点線はブラシのぼける範囲を表しています。

▼のアイコンをクリックすると、ブラシの細かな設定ができるので、図のようにブラシの設定を行います **04** 。

[マスクオプション]にチェックを入れ、分かりやすいようにマスクの色は赤に設定しました。

暗い部分にブラシを加え、マスクしていきます **05** 。

ブラシのサイズなどを設定

画像の暗くなっている部分にマスクを作成

·03·

[マスクオプション]のチェックを外し、[露光量]を選択して、明るさを調整していきます。スライダーを動かすとマスクされている部分のみ効果が反映されているのが分かります 06 、 07 。
さらに、[コントラスト][ハイライト][シャドウ]も調整します 08 、 09 。

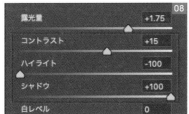

マスクした部分を[露光量：+1.75]で明るく調整

さらに[コントラスト：+15][ハイライト：−100][シャドウ：+100]に調整

04

続いて空の色も個別に補正していきます。空の部分にブラシを加えマスクする際に、[自動マスク]にチェックを入れておくと 10 、選択したい箇所を効率よくマスクすることができます。

ブラシのサイズなど、設定を調整しながら空の部分を新たにマスクしていきます。
この時、表示は1つの画面に切り替え 11 、拡大してブラシを加えていくと効率的に作業ができます 12 、 13 。

[自動マスク]にチェックを入れる

マスクを作成するときは画面を1つにする

Chapter 2

拡大表示にして［ブラシ］で空をマスクしていく

全体表示でマスク部分を確認

マスクをしたくない箇所が選択されてしまった場合は 、［消しゴム］に持ち変えるか 、option〔Alt〕キーを押すと、押している間だけ［消しゴム］に切り替わるので、押しながらはみ出た部分をドラッグして削除すればよいでしょう。

［消しゴム］を選択

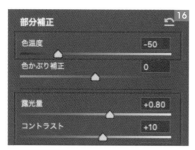

マスクにしたくない部分が選択されている

選択したい箇所のマスクが配置できたら、［マスクオプション］のチェックを外し、［色温度］［露光量］［コントラスト］［かすみの除去］で調整を行います 、。画面を2画面表示に戻して、元画像と比較しながら調整します 、。

マスクした空の部分に［色温度：−50］［露光量：+0.8］［コントラスト：+10］［かすみの除去：+4］で青空になるように調整

補正前の画像

·05·

[編集]を選択し、全体の補正を行って
いきます [20]。

[基本補正]のタブを開きます。[ハイラ
イト]と[シャドウ]を選択し、調整を行
なっていきます。

写真の細部を引き出すため[ハイライ
ト]の数値を下げ、[シャドウ]の数値を
上げます。ここでは[ハイライト]は最
小値の[－100]、[シャドウ]を最大値の
[＋100]に設定しました[21]、[22]。

全体に[ハイライト：－100][シャドウ：＋100]で調整

全体の補正には[編集]を選択

·06·

[露光量]と[コントラスト]の調整を行っ
ていきます。

[露光量]を調整し、写真全体の明るさ
を調整していきます。この時白飛びし
ないように画像やヒストグラムを見なが
ら調整します[20]～[22]。

少し写真全体がぼやけた印象になるの
で[コントラスト]を調整して、写真に明
暗差をつけてメリハリの効いた画像に
調整します[20]、[23]。

[露光量：＋0.6]で明るさを調整

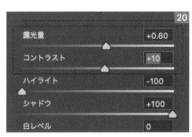

さらに[コントラスト：＋10]でメリハリをつける

Chapter 2

·07·

[色温度]を調整します。
[ホワイトバランス]のスポイトを選択し、画像内の白部分をクリックして選択します。

ここでは人物のバッグ部分を選択しました。クリックすると自動的にホワイトバランスが調整されます 27 、 28 。

少し青みが強い印象だったので、微調整しました 29 、 30 。

[ホワイトバランス]のスポイトを選択

人物のバッグ部分をクリック

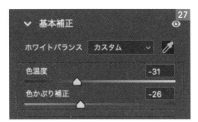

自動的にホワイトバランスが調整される

自動補正後

[色温度:-25]にして青みを調整

·08·

[かすみの除去]を選択してクリアにします[かすみの除去：+17]で全体をクリアに調整
ます 31 、32 。
[彩度][自然な彩度]も調整して、写真全体の鮮やかさもプラスします 31 、33 。

[かすみの除去：+17]で全体をクリアに調整

さらに[自然な彩度：+10][彩度：+12]で鮮やかに調整

·09·

最後に[ディテール]のタブを開き、[シャープ]のスライダーを右に移動して全体のエッジが強調させます 34 、35 。効果をかけすぎると違和感が出るので、画像を見ながらシャープの効果が分かる程度に調整するとよいでしょう。

[シャープ：35]でエッジを調整

[Camera Rawフィルター]内での調整が終わったら右下の[OK]ボタンを押して効果を確定させます。
再度微調整を行いたい場合は、レイヤーの[Camera Rawフィルター]をダブルクリックすると 36 、編集画面に戻ることができるので、画像に合わせて再調整するとよいでしょう。

スマートフィルターの[Camera Rawフィルター]をダブルクリックして再調整できる

Chapter 2

03

海や川の風景画像を補正する

水面をきれいに見せるには、青みの出し
方が重要です。また、水面の凹凸が活き
るように、コントラストなども強めに仕上
げます。青空が広がっていることも多い
ので、空の処理にも気を配りましょう。

Before

プロはこう考える

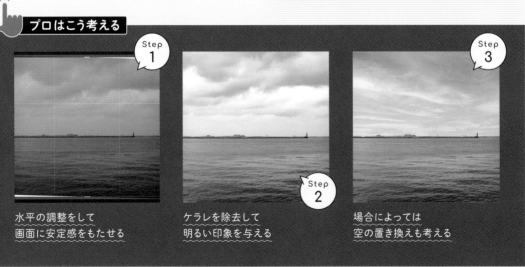

Step 1
水平の調整をして
画面に安定感をもたせる

Step 2
ケラレを除去して
明るい印象を与える

Step 3
場合によっては
空の置き換えも考える

画像の角度補正

·01·

はじめに画像の水平・垂直の角度補正から行います。
画像を開き **01** 、[背景]をコピーして角度補正用のレイヤーを作成します。
[切り抜きツール]を選択し、ツールオプションの[コンテンツに応じる]にチェックを入れておきます **02** 。これにより、元の画像の外部の領域をコンテンツに応じて自動的に周囲と調和する画像で塗りつぶすことができます。

補正する画像を開く

[切り抜きツール]のオプションで[コンテンツに応じる]にチェックを入れる

·02·

[切り抜きツール]で画像の上をクリックし、カーソルを画像の四隅に移動します。回転のマークに変わったら、グリッド線を参考にドラッグして角度を調整します(ここでは水平のラインを調整) **03** 。
調整できたら右上の[○]のアイコン、もしくはenterキーを押して確定します **04** 。
画像が足りない部分(ここでは白の部分)は自動的に画像が補足され、あわせて水平のラインも補正されます **05** 。

[切り抜きツール]で角度を調整

調整結果

Chapter 2

Camera Rawフィルターを使った色補正

01　画像のレイヤーを複製して、スマートオブジェクト化します。スマートオブジェクト化することで、元の画質を維持したまま画像の補正を行うことが可能になります。
スマートオブジェクトにする方法は、72ページを参照してください。

ここでは［Camera Rawフィルター］を使用して補正を行っていきます。
［Camera Rawフィルター］については、72ページを参照してください。
2画面表示にしておくと、元画像との効果の差を分かりやすく比較することができます 。

スマートオブジェクトに変換

［Camera Rawフィルター］ダイアログ

·02·

［基本補正］のタブを開き、明暗の補正を行います。［露光量］のスライダーを右に移動し、全体を明るく補正します 、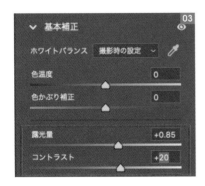。
続いて［コントラスト］のスライダーを右に移動し、全体のメリハリを出します 、。

［露光量：+0.85］で明るく調整

さらに［コントラスト：+20］でメリハリをつける

·03·

[白レベル]のスライダーを右に移動し、画像全体を明るくします  。
この時、数値を上げ過ぎてしまうと白飛びした画像になってしまうので、用途に合わせて使い分けるようにします。
夏の強い日差しを演出したい時などは、数値を高くするとよいでしょう 08 、09 。

[白レベル：+35]で全体を明るくする

たとえば[白レベル：+100]にすると夏の強い日射しのようになる

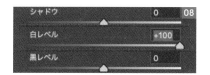

·04·

次に鮮やかさの補正を行います。
[彩度]のスライダーを右に移動して調整し（10 11 ）、続いて[自然な彩度]を右に移動して調整します 10 、12 。
[彩度]を調整して全体の鮮やかさを補正したあと、[自然な彩度]で足りない鮮やかさを補うように補正するとよいでしょう。

[彩度：+20]で鮮やかさを調整

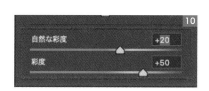

さらに[自然な彩度：+50]で調整

Chapter 2

·05·

次に色温度の補正を行います。
[色温度] と [色かぶり補正] のスライ
ダーを左に移動して調整します 、
14。少しだけ全体を青みがかった色
味にすることで、空と海の青さを強調
し、透明感のある画像に補正すること
ができます。

[色温度：−10] [色かぶり補正：−12] で青みがかった色味にする

·06·

かすみを除去してよりクリアな画像に
補正します。
[かすみの除去] を調整することで、細
かい部分や遠くのかすんだ部分もハッ
キリと立体的に補正することが可能に
なります。不自然な感じにならない程
度に画像に合わせて調整するとよいで
しょう 15、16。

[かすみの除去：+30] で画像をクリアにする

07

[カーブ] タブを開き、さらに細かく明暗の調整を行
います。[ハイライト] と [ライト] をそれぞれ図のよう
に設定して画像を明るく補正します 17、18。
右上の [目] のアイコンをクリックすると効果が非表
示になるので、効果のかかり具合を確認しながら調
整するとよいでしょう。

[ハイライト：+35]
[ライト：+14] で
明るい部分を調整
する

·08·

［ディティール］タブを開き、画像の
シャープさの調整、ノイズを軽減します。
画像が少しボケた印象なので、図のよ
うに［シャープ］を設定し、シャープの
効果を加えます  19 、20 。
また画像内に少しノイズが目立つので、
［ノイズ軽減］と［カラーノイズの軽減］
を設定してノイズを目立たなく補正しま
す 19 、21 。
効果をかけすぎると違和感が出るの
で、画像を見ながら違和感が出ない程
度に調整するとよいでしょう。

[シャープ：30]でシャープさを加える

さらに[ノイズ軽減：15][カラーノイズの軽減：15]でノイズを調整

·09·

［レンズ］タブを開き、ケラレ部分を補正
します。「ケラレ」とは、カメラの撮影条
件などが原因で四隅が暗くなる現象の
ことです。
この画像も四隅が暗くなりケラレが発
生しているので、補正を行います。
［周辺光量補正］のタブを右に移動する
と四隅が明るく補正され、ケラレが目立
たなくなります 22 、23 。
ここまでの補正を元の画像と比較して、
確認しましょう 24 。

[周辺光量補正：+50]でケラレを解消する

元の画像

·10·

[Camera Rawフィルター]内での調整が終わったら右下の[OK]ボタンを押して効果を確定させます。

再度微調整を行いたい場合は、レイヤーの[Camera Rawフィルター]をダブルクリックすると 、編集画面に戻ることができるので、画像に合わせて再調整するとよいでしょう。

スマートフィルターの[Camera Rawフィルター]をダブルクリックして再調整できる

·11·

また、[メニュー→編集→空を置き換え]を選択すると、空部分のマスクと合成を自動で行ってくれます。

[空を置き換え]を選択すると、ダイアログが表示されます 。[プレビュー]にチェックが入っていれば合成された画像に自動的に切り替わります。

[空]をクリックして好みの画像を選択し、色の調整をして[OK]を押せば設定した空に置き換わります 26 、 27 。

画像によって明るさや奥行き感など、画像の印象、雰囲気が変わるので、用途に合わせて使い分けましょう。

[空を置き換え]ダイアログが表示され、自動的に空の部分が置き換わる

[空]から置き換えたい空の種類を選択し、色などを調整する

空が置き換わる

04 夜景画像を補正する

After

夜景の写真は、撮影時に暗く写る傾向
があるため、まず明るく補正することが
多くなります。その際、ライトや星などを
明るくしすぎて白飛びしないようにしま
しょう。また、青みを加えることで、より
美しい夜景を演出できます。

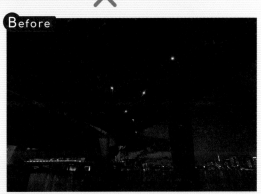

Before

写真撮影：高嶋一成

プロはこう考える

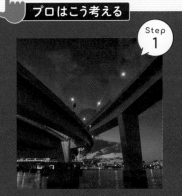

Step 1

白飛びしないように
慎重に明るさを調整する

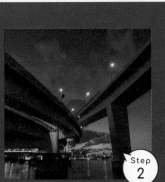

Step 2

青みを加えて
夜景らしさを演出する

Step 3

シャープネスを加えて
メリハリのある写真に仕上げる

Chapter 2

Camera Rawフィルターを使った色補正

01 補正する画像を開き、続いてレイヤーをスマートオブジェクト化します。スマートオブジェクト化することで、元の画質を維持したまま画像の補正を行うことが可能になります。
スマートオブジェクトにする方法は、72ページを参照してください。
レイヤーが背景のみの場合は、[背景]から[レイヤー0]になり、スマートオブジェクトのアイコンが付けば設定完了です  。

ここでは[Camera Rawフィルター]を使用して補正を行っていきます。
[Camera Rawフィルター]については、72ページを参照してください。
2画面表示にしておくと、元画像との効果の差を分かりやすく比較することができます  。

[背景]をスマートオブジェクトに変換

[Camera Rawフィルター]ダイアログ

02 [基本補正]のタブを開き、[ハイライト]と[シャドウ]の調整を行っていきます。
写真の細部を引き出すため[ハイライト]の数値を下げ、[シャドウ]の数値を上げます。[ハイライト]の数値を下げることで白飛びを抑え、[シャド

ウ]の数値を上げることで暗い影の部分を明るくすることができます。
[ハイライト]は最小値の「−100」、[シャドウ]を最大値の「+100」に設定しました  、  。

[ハイライト：−100][シャドウ：+100]で調整

·03·

[露光量]と[コントラスト]の調整を行っていきます。

[露光量]を調整し、写真全体の明るさを調整していきます 05 、06 。少し写真全体がぼやけた印象になるので[コントラスト]を調整して、写真に明暗差をつけてメリハリの効いた画像に調整します 05 、07 。

[露光量：+2.10]で明るくする

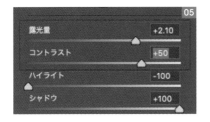

さらに[コントラスト：+50]でメリハリをつける

·04·

さらに写真にメリハリをつけるために、[白レベル]と[黒レベル]を調整します。

[白レベル]は画像の最も明るい部分の調整を行い、[黒レベル]は画像の最も暗い部分の調整を行うことができます。[ハイライト][シャドウ]との違いは、[白レベル][黒レベル]が部分的なのに対して、[ハイライト][シャドウ]は画像全体で広範囲の明暗の調整になります。効果を見ながら設定します 08 、09 。

[白レベル：+20]と[黒レベル：-20]に設定してさらにメリハリをつける

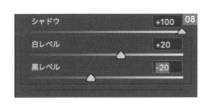

Chapter 2

·05·

［色温度］で写真のホワイトバランスを
調整します。
夜景の写真は少しだけ青みのある方
が夜景らしさを演出できるので、スライ
ダーを少し青寄りに設定します  10 、
11 。

［色温度：−15］で青みがかった色味にする

·····

06 かすみを除去してよりクリアな画像に補正しま
す。
　［かすみの除去］を調整することで、細かい部分
や遠くのかすんだ部分もハッキリと立体的に補
正することが可能になります。［かすみの除去］で
右にスライダーを移動して設定します 12 、 13 。

続いて［明瞭度］を調整します。［明瞭度］はハイ
ライト側とシャドウ側のトーンをできるだけ保持
したまま画像をくっきりとさせることができます。
より力強い写真にしたいので、右にスライダーを
移動して設定します 12 、 14 。
ここまでの補正を元の画像と比較しながら、確認
しましょう 15 。

［かすみの除去：＋30］で画像をクリアにする

さらに［明瞭度：＋20］でメリハリをつける

元の画像

·07·

[彩度]を調整して鮮やかさの補正を行います。写真全体の鮮やかさをプラスしたいので[彩度]のスライダーを右に移動して設定します 16 、17 。
あわせて[自然な彩度]も微調整します 16 、18 。

[彩度：+25]で鮮やかさを調整

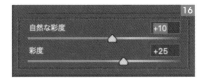

さらに[自然な彩度：+10]で調整

·08·

[ディティール]のタブを開き、[カラーノイズの軽減]を選択し、画像内のカラーノイズの量を調整します。
この時数値が大きいほどカラーノイズは軽減されますが、画像全体の鮮やかさが失われてしまうので、効果を見ながら調整するとよいでしょう 19 、20 。
合わせて[シャープ]の数値も調整し、写真全体のエッジを強調しました 19 、21 。
効果をかけすぎると違和感が出るので、こちらも画像を見ながら少しシャープの効果が分かる程度に調整するとよいでしょう。

[シャープ：30]でシャープさを加える

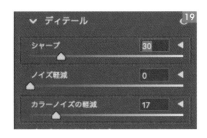

さらに[カラーノイズの軽減：17]でノイズを調整

Chapter 2

·09·

[Camera Rawフィルター] 内での調整が終わったら右下の [OK] ボタンを押して効果を確定させます。再度微調整を行いたい場合は、レイヤーの [Camera Rawフィルター] をダブルクリックすると 、編集画面に戻ることができるので、画像に合わせて再調整するとよいでしょう。

スマートフィルターの [Camera Rawフィルター] をダブルクリックして再調整できる

10

最後に [ハイパス] フィルターで画像をシャープにします。

[レイヤー0] を複製して、[メニュー→レイヤー→スマートオブジェクト→ラスタライズ] を選択し、通常のレイヤーに戻します 。続いて [メニュー→フィルター→その他→ハイパス] を選択し、[半径：3.0 pixel] で適用します 、25。カラー部分をなくすため、[メニュー→イメージ→色調補正→彩度を下げる] を選択して彩度を下げます 26。描画モードを [オーバーレイ] に設定し、最後に [不透明度] でシャープの調整を行って完成です 27、28。

フィルター用にレイヤーを複製して通常のレイヤーに戻してある

[ハイパス] ダイアログ

[ハイパス] フィルターを適用した結果

[彩度を下げる] を適用した結果

描画モードを [オーバーレイ] にし [不透明度：55%] で適用した結果

ケーススタディ❷
人物写真のレタッチ

Chapter 3

人物画像の背景色を変更する

After

背景色を変更する場合、背景色の色被りや濃淡などの調整をする必要があります。また、切り抜き指定であれば、全体にピントが来るように撮影されますが、すでに撮影された画像を使用するような場合は、ボケに合わせた調整が必要になります。

Before

プロはこう考える

Step 1 合成が自然になるように切り抜きは精密に

Step 2 髪の毛を追加して自然に仕上げる

Step 3 被写体への色の映り込みを調整する

画像の切り抜き

·01·

通常は画像全体の調整から始めますが、背景色を変更する場合、背景色に合わせた補正が必要となるため、画像の切り抜きから始めます。[自動選択ツール]を選択し、ツールオプションで[被写体を選択]をクリックすると 01、人物全体に選択範囲が作成されます 02。

選択範囲が分かりやすいように
[クイックマスクモードで編集]
で表示している

02

[被写体を選択]はかなりの精度で選択範囲を作成してくれますが、エッジ部分に抜けなどが発生する場合があるので、画像を拡大表示して確認する必要があります。この画像の場合、左手の指に抜けがあるので 03、ツールオプションの[選択とマスク]をクリックして、作業ダイアログを開きます 04。ダイアログ左のツールバーから[ブラシツール]を選択し、ツールオプションでブラシサイズや、追加、削除などを変更しながら、選択範囲を追加します 05、06。

抜けを確認する

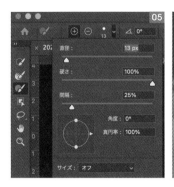

[ブラシツール]で選択
範囲を調整する

Chapter 3

·03·

全体の抜けを確認して、ダイアロ
グ右下の［OK］をクリックします。
選択範囲が作成されたので、コ
ピー＆ペーストでレイヤーを作成
し、［背景］レイヤーを非表示にし
て全体を確認します 〜。

調整結果

コピー＆ペーストしてレ
イヤーにし、［背景］レ
イヤーを非表示にする

画像全体の確認

エッジが見えにくい場合の調整

01　ここまでの方法で、エッジが背景に馴染んでし
まって見えにくい場合や広範囲に及ぶ場合、フ
リーハンドでの調整が難しくなるので、［ペンツー
ル］のパスを使用しての調整を行います。このや
り方も見ておきましょう（結果はここまでの操作
と同様なので、行わずに102ページに進んでも

かまいません）。
まず、補修困難な抜けの部分をそのままにして、
切り抜いたレイヤーを作成します。背景レイヤー
を選択して、補修したい部分あたりに選択範囲
を作成し、コピー＆ペーストしてレイヤーにします
、。

レイヤーのみを表示させたもの

·02·

command〔Ctrl〕＋Mキーで［トーンカーブ］を表示し
て、エッジが見えるよう暗めに調整します 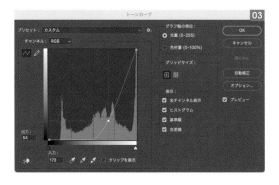、04。
ツールバーの［ペンツール］を選択し、ツールオプ
ションで［パス］を選択します 05。

04

05

[ペンツール]の
ツールオプション
のプルダウンから
[パス]を選択

調整後

03

アンカーポイントを調整しながらエッジ周辺を選択して、ツールオプションの[選択]をクリックして、選択範囲を作成します  06。この時エッジのピクセルを馴染ませるため[選択範囲を作成]ダイアログの[境界]で[ぼかしの半径：0.1pixel]とします 07、08。

選択範囲を作成したら、[背景]レイヤーを選択してコピー＆ペーストで[レイヤー3]を作成します。調整用に作成した[レイヤー2]を削除してから、[レイヤー1]を選択して、command〔Ctrl〕＋Eキーもしくは右クリックから[下のレイヤーと結合]を選択し、結合させます 09 〜 11。

07

パスを結合させたら、ツールオプション[作成：選択]をクリック

08

[ぼかしの半径：0.1pixel]
と設定

アンカーポイントでエッジ
付近を選択

09

[背景]レイヤーでの表示
（クイックマスクモード）

10

[レイヤー1]と[レイヤー3]のみを表示して、
確認する

11

背景の作成

·01·

背景と切り抜いた画像のエッジなどの馴染みを見るために、背景を作成します。元画像の［背景］レイヤーはあとで使用する可能性があるので、［メニュー→レイヤー→新規→レイヤー］でレイヤーを作成します  01 。

02

ツールバーから［グラデーションツール］を選択し、ツールオプションの［クリックでグラデーションを編集］をクリックしてダイアログを表示します 02 。
カラー分岐点スライダーをダブルクリックしてカラーピッカーを表示させ、ダークトーン側のカラーを指定し、同様に右側のスライダーでハイライト側を指定します 03 、 04 。
ツールオプションで［円形グラデーション］に設定し、［逆方向］にチェックを入れて、グラデーションを描きます 05 。暗めに調整するために、［トーンカーブ］で調整します 06 、 07 。

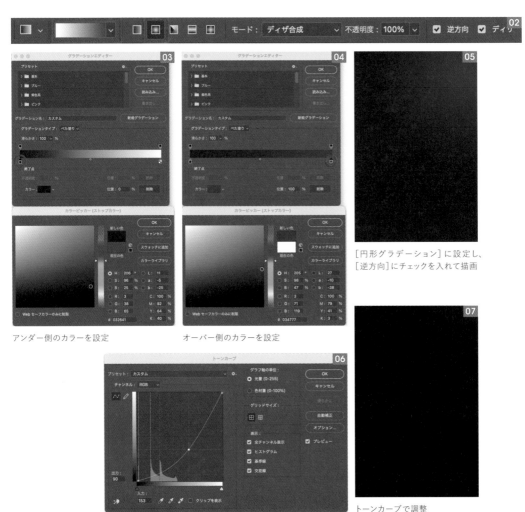

アンダー側のカラーを設定

オーバー側のカラーを設定

［円形グラデーション］に設定し、［逆方向］にチェックを入れて描画

トーンカーブで調整

·03·

レイヤーの配置を変更して、人物とのバランスを確認します 、。

レイヤーの配置を変更

エッジの調整

·01·

背景を作成してから、切り抜いた画像との境界を確認することで、不要なピクセルを確認できます 。人物のレイヤーを選択してから、周辺の透明部分に［自動選択ツール］で選択範囲を作成します 。

拡大表示で背景とエッジを確認する

·02·

［メニュー→選択範囲→選択範囲を変更→境界をぼかす］で、ダイアログを表示し、［ぼかしの半径：2pixel］と設定します 。この設定は画像のサイズによって異なるので、レイヤーの透明部分の格子状の模様の一マスが1ピクセルなので、そのサイズを目安にして設定してください 。
deleteキーでぼかした分のピクセルを消去でき、複数回deleteすることでより消去することができるので、この画像の場合は7回行っています 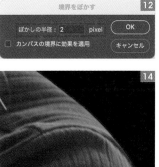。

ピクセルの大きさは透明部分の格子で確認

deleteを7回繰り返した結果

03 画像全体を確認すると、画像のエッジにかかっているパンツの角が消去しきれていないので、ツールバーから［消しゴムツール］を選択して、ツールオプションでブラシサイズなどを設定して調整していきます 14 ～ 17 。

ぼかしを強めすぎると違和感が生じてしまうため、調整が終わったら、元の画像とボケ具合を見比べてください 18 、 19 。

［消しゴムツール］を使用する場合はツールオプションで設定する

画像のエッジにかかっている部分

調整結果

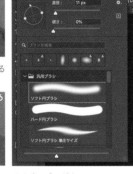
サイズのプルダウンメニューでブラシのサイズや形状を設定

元画像とボケ具合を比較する

肩口の髪の毛の作成

01 背景が白や明るめの色の場合、背景にかかっている髪の毛はうっすらとしか見えなくなりますが、背景を暗くして、特に今回の画像のように右側後ろからエッジライトが入っている場合はくっきりと見えるようになります。この画像のように肩口に髪の毛がかかっている場合は、肩口の髪の毛を消去するか髪の毛を作成するかしかなく、量が多く消去は困難なので、作成していきます 01 。

髪の毛全体を見ると、左側の方が色も近く長さも取れるので、髪の毛2本分目処でツールバーの［多角形選択ツール］で選択範囲を作成し 02 、コピー＆ペーストでレイヤーにします。command〔Ctrl〕＋Tキー、もしくは［メニュー→編集→自由変形］で、1本分くらいの太さにshiftキーを押しながら横幅のみを変形させます 03 、 04 。

髪の毛を作成

［多角形選択ツール］で髪の毛2本分くらいに選択範囲を作成

レイヤーにした髪の毛を［自由変形］で変形

shiftキーを押しながら縦長に変形

·02·

そのまま、任意の位置に移動させて、おおよその角度を合わせて  05 、トーンカーブで明るさを調整します 06 、 07 。

[メニュー→フィルター→ぼかし→ぼかし（ガウス）]でダイアログを表示させて、[半径：1.3pixel)]として適用します 08 、 09 。

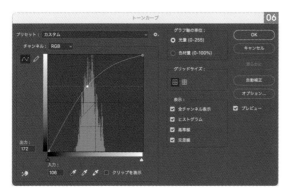

配置したい位置に移動し、回転させる

トーンカーブで調整後

ぼかし（ガウス）適用後

·03·

ここから[メニュー→レイヤー→レイヤーを複製]で、複製を大量に作成するため、レイヤーパレット下の[新規グループを作成]でグループフォルダーを作成して、髪の毛のレイヤーを移動させておきます 10 。

・ ケーススタディ② 人物写真のレタッチ ・

Chapter 3

·02·

そのまま、任意の位置に移動させて、おおよその角度を合わせて 05 、トーンカーブで明るさを調整します 06 、 07 。

[メニュー→フィルター→ぼかし→ぼかし（ガウス）]でダイアログを表示させて、[半径：1.3pixel)]として適用します 08 、 09 。

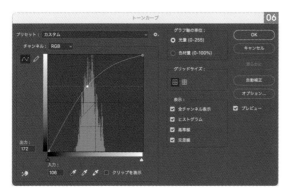

配置したい位置に移動し、回転させる

トーンカーブで調整後

ぼかし（ガウス）適用後

·03·

ここから[メニュー→レイヤー→レイヤーを複製]で、複製を大量に作成するため、レイヤーパレット下の[新規グループを作成]でグループフォルダーを作成して、髪の毛のレイヤーを移動させておきます 10 。

・ ケーススタディ② 人物写真のレタッチ ・

Chapter 3

04 背景色のレイヤーを非表示にして、元画像を参考にしながら髪の毛の複製を配置していきます。角度の変更や、[自由変形]のツールオプションにある[自由変形とワープモードの切り替え]でワープモードを使用して、できるだけ自然に見え

るように変形調整していきます 、 12 。
ワープモードに変更すると、ツールオプションが変更され、分割方法やグリッドの設定ができます 13 、 14 。

ワープモードは分割方法などが設定できる

レイヤーの複製を作成し、角度などを変更して配置

3×3とした状態。デフォルトも分割方法は同様だが、マスではなくラインでの調整となる

·05·

ある程度、髪の毛を配置したら背景色レイヤーを表示させて背景との相性を確認します 15 。
人物のレイヤーの裏側にも髪の毛を作成するため、複製された髪の毛レイヤーを人物レイヤー（レイヤー3）の下に配置してグループフォルダーに入れ、さらに複製を作成します 16 〜 18 。この作業は、先に作成した表側のフォルダーを複製して位置をずらしても構いません。いずれの方法でも、髪の毛のレイヤーが複数になり、再調整の時に選択しにくくなるため、移動ツールのツールオプションの[自動選択]にチェックを入れておくと便利です 19 。

背景画像を表示して確認

表裏両方を表示する

裏側の髪の毛のレイヤー

·06·

画像左側の髪の毛も同様に調整しますが、最初に歯抜けになった髪の毛を隠すための髪の毛レイヤーを作成して重ねます 20 〜 22。右側同様に表と裏に髪の毛を複数配置しますが、髪の毛全体の幅を広げすぎると見た目が悪くなるので、肩にかかった髪の毛は裏側の横から出ているように変形して配置します 23、24。

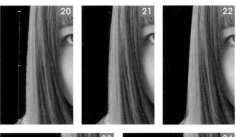

左側の髪の毛の調整
歯抜けの部分に合わせる

肩裏から回り込んだ髪の毛を作成し、配置して形状を合わせる

·07·

画像を全体表示にしてバランスを見ながら両側の髪の毛をあまり膨らみすぎないように調整して 25 26、肩口の髪の毛のの接点に違和感があるので、[レイヤー3]を選択してから[消しゴムツール]の[不透明度]を下げて、馴染むように調整します 27、28。

全体を見て、髪の毛が膨らみすぎないように調整

髪の毛が馴染むように
消去する

もし、背景色を明るめに設定する場合はレイヤーパネルの[不透明度]を下げて馴染むように調整します 29、30。

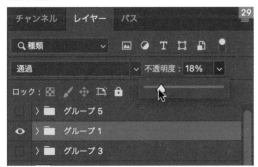

全体の髪の毛の補修

01 前項『肩口の髪の毛の作成』でも行いましたが、[被写体を選択]での処理はかなり精度の高い選択範囲を作成できますが、髪の毛のようなエッジが判別しにくい部分は歯抜けのようになってしまう場合があります 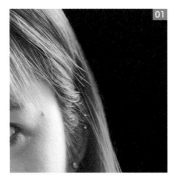 01 。サイド側の抜けは前項で作成した髪の毛のコピーを重ねて調整します

が 02 、トップはライティングの濃淡や形状があるので、[ペンツール]の[パス]を使用して、頭の形状をトレースするように選択します。パスを結合させたら[自由変形]で髪の毛がある所に移動させてから、ツールオプションの[選択]をクリックして選択範囲を作成します（ 03 ～ 09 ）。

「レイヤー3」を選択

パスのラインが見えにくい場合は、パスオプションで太さやカラーを変更する

エッジに合わせてパスを配置する。ハンドルが長くなり過ぎる場合は、command〔Ctrl〕キーで長さや角度を調整

パスを結合させて、頭の形状に沿って髪の毛を2本分程度囲むパスを作成

command〔Ctrl〕+T（自由変形）で位置をずらす

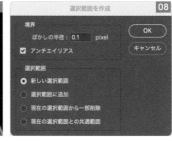

パスのツールオプションの[作成：選択]をクリックして、[ぼかしの半径：0.1pixel]とする

調整後

·02·

コピー＆ペーストでレイヤーを作成し、歯抜けの部分を隠す位置に移動させます。[メニュー→フィルター→ぼかし→ぼかし（ガウス）]でぼかし 、[自由変形]の[ワープモード]を使用して形状を調整します 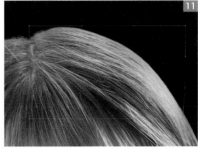。

ぼかし（ガウス）で［半径：1.3pixel］を適用

先端がはみ出さないように調整

·03·

レイヤーを[レイヤー3]の下に配置して 、複製を作成し 、分け目部分の髪の毛を作成します。[自由変形]で回転して位置を合わせ、ぼかしをかけて配置し、さらにコピーして[ワープモード]で形状を変更して配置します 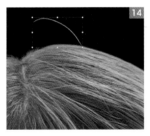～。

[自由変形]で大きさを変更し分け目の部分に配置して、[ぼかし（ガウス）]で［半径：1.3pixel］として小さくなった分さらにぼかす

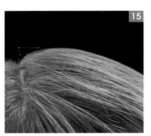

レイヤーを複製し、ワープモードで変形

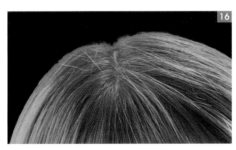

調整前

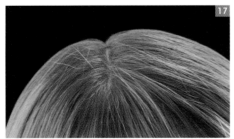

調整後

調整結果

全体の調整

01 切り抜いた人物画像の調整が終わったら、人物用のレイヤーを全選択して右クリックから[レイヤーを結合]を選択して、結合させたレイヤーを[スマートオブジェクトに変換]でスマートオブジェクトにします **01**、**02**。

白背景では馴染んでいた人物画像は背景を暗めにすると、浮き上がったように見えてしまうので[トーンカーブ]を使用して背景に合わせて暗めに調整します **03**、**04**。

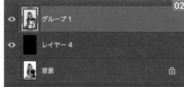

スマートオブジェクトのレイヤーアイコン

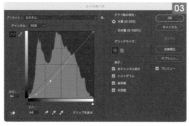

暗めに調整

---

02 カラーや明度の調整を行う場合、ヒストグラムを表示して、濃淡などを確認しながら行いますが **05**、白飛びや黒つぶれを確認する場合は、[メニュー→フィルター→Camera Rawフィルター]でダイアログを表示させて、ヒストグラムの両サ

イド上にある[クリッピング警告]をアクティブにしておくことで、視覚化できて便利です **06**。
ヒストグラムが壁に当たり、警告が出ている部分は白飛びもしくは黒つぶれとなり、その部分はトーンが失われてしまいます。

ヒストグラムを表示しながら調整

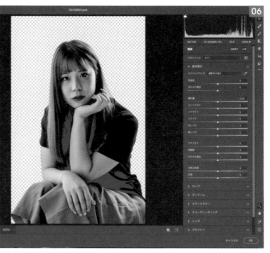

[Camera Rawフィルター]でダイアログを表示。
[クリッピング警告]をアクティブにすることで、
極端な調整をした場合の警告が表示される

03 顔の調整を行うために、[メニュー→フィルター→ニューラルフィルター]でダイアログを表示させます **07**。ニューラルフィルターを使用するには、最初にダウンロードが必要ですが、様々なアーティスティック系フィルターなどを使用することができます。ニューラルフィルターの[肌をスムーズに]は2本のパラメーターで顔肌の質感を滑らかに調整できます **08**、**09**。

調整前

調整後

·04·

[肌をスムーズに]で新しくレイヤーが生成された場合は、人物のレイヤーに結合しておきます。続けて、体のラインをより細く見せるために、[メニュー→フィルター→ゆがみ]でダイアログを表示させます。左上にある[前方ワープツール]を選択し、[ブラシツールオプション]の[エッジをピンで止める]にチェックを入れ、サイズなどを変更しながら調整します。サイズはあまり小さくしすぎると調整が難しくなるので、調整ポイントに合わせた、できるだけ大きなブラシで調整しましょう。また、[追加レイヤーのプレビュー表示]のチェックを使用して調整結果を確認しながら作業してください **10**。

プレビューと見比べながら調整

·05·

レイヤーをスマートオブジェクトにしておくと、適用させた調整が[スマートフィルター]に収められ **11**、再調整が可能となり、[レイヤーのラスタライズ]でスマートフィルターが統合されたレイヤーになります。この作業は、[画像の統合]でも適用されるので、スマートフィルターでの再調整を行わない前提で、次の調整を行います。

[ゆがみ]では調整しにくい前腕を調整するために、前腕付近広めに選択範囲を作成し、コピー&ペーストして別レイヤーにしてから、[自由変形]を[ワープモード]に変更します。[ワープモード]はデフォルト状態で内側に縦横3ラインずつの25分割で構成されているので、外側のラインを変形させなければ、境界を崩さずに調整することが可能です。このことを踏まえて、前腕を細めに調整します **12**、**13**。

スマートフィルターの状態

ワープモードで四辺が動かないように中央部のみで調整

ケーススタディ② 人物写真のレタッチ

Chapter 3

111

02

人物の顔を修整する

After

顔の修整用のフィルターはPhtoshop
内に［ゆがみ］や［ニューラルフィル
ター］などがあり、精度の高い修整
が行えます。ただし、細かな部分に
関しては個別の調整が必要となり、
また、それらのフィルターがどのよう
な修整を行っているかを知るために
も、顔修整フィルター以外での調整
を行ってみましょう。

Before

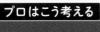

プロはこう考える

Step 1

できるだけ丁寧に
傷などを補修する

Step 2

マスクの配置と、
適用しない部分を設定する

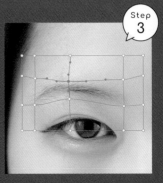

Step 3

変形させた時の
エッジの確認

画像の切り抜き

·01·

背景のトーンを揃えるのと、はねた髪の毛を目立たなくするために、ツールバーの[自動選択ツール]を選択し、ツールオプションの[被写体を選択]をクリックして 01 、選択範囲を作成します 02 。

選択範囲が分かりやすいように[クイックマスクモードで編集]で表示している

·02·

選択範囲を作成した状態で、コピー&ペーストで[レイヤー1]を作成します。[背景]を再選択してから 03 、[メニュー→編集→塗りつぶし]でダイアログを表示し、ここでは[内容:ホワイト]をプルダウンから選択して適用させます 04 、 05 。

背景色を別系統のカラーで設定する場合は髪の毛の周辺の再調整が必要となる場合がありますが、この画像のように、明るめのグレーからホワイトにといったような場合には、エッジが馴染むので再調整の必要がなくなります。切り抜きが前提の撮影でも、背景色が最初から決まっている場合は同系統のカラーを背景として撮影を行うことで、手間を省くことができます 06 、 07 。

[レイヤー1]を選択して、スマートオブジェクトに変換します。スマートオブジェクトはレイヤーに対しては仮想領域でフィルターなどの調整を行うもので、再調整をすることが可能です 08 。

塗りつぶされた背景

上:元画像
下:調整結果では跳ねた髪の毛がなくなる

[メニュー→フィルター→スマートフィルター用に変換]もしくは、レイヤーパネルのレイヤーを選択して右クリック（もしくはcontrol＋クリック）から[スマートオブジェクトに変換]で変換できる

Chapter 3

肌の修整（Camera Rawフィルター）

·01·

[ニューラルフィルター]には、フィルターギャラリーに収められているようなものから、スマホのアプリにあるような年齢を変更するようなものなど様々なフィルターが収められています。

[肌をスムーズに]は画像内の[顔]を自動認識して[ぼかし]と[滑らかさ]の2本のスライダーで、目、鼻、口、眉のエッジを除いた肌部分に自然な調整を行うことができますが、調整部分の追加や削除などはできません 09 ～ 11 。

[ニューラルフィルター]の[肌をスムーズに]パラメーター

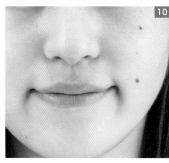

ニューラルフィルター適用前

適用後、ホクロや赤みなどは抑えられている

·02·

スマートフィルター内のニューラルフィルターを削除もしくは非表示にして 12 、[メニュー→フィルター→Camera Rawフィルター]を選択してダイアログを表示させます 13 。

[Camera Rawフィルター]はRawデータの現像処理を行うためのものですが、JPEGなどのデータの処理を行うことができます。

スマートフィルター内の[ニューラルフィルター]を非表示にした状態

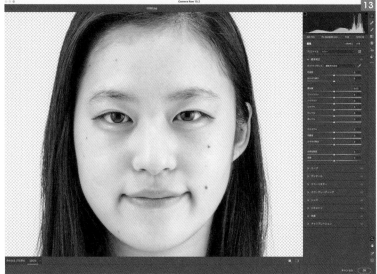

·03·

ダイアログ右にあるツールバーから［スポット修正］を選択し 、修復ブラシをホクロなど、修整したい部分に合わせてクリックすると、ソースが自動的に選択され、修整が行われます。ソースを変更したい場合はソースのブラシをドラッグして移動させることができます 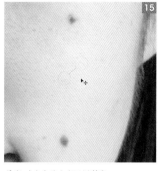。

また、髪の毛やキズなどのような部分は、ドラッグしたまま形状に合わせることができます 16 〜 18 。

ポイントとなるホクロ以外を修整。ソースは自動で設定される

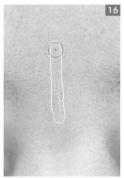

線状の部分はドラッグしながら形状を合わせる

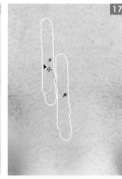

ソースは移動させることができる

調整結果

首回りの髪の毛の修整（Camera Rawフィルター）

01 顔のホクロなどを修整したら、首回りにかかっている髪の毛などを修整していきます 01 、 02 。髪の毛は形状に合わせてドラッグしながら修整していきますが、服との境界にかかっているような部分は、拡大表示してソースにズレがないかを確認する必要があります。ソースがずれているとエッジのズレが生じるほか、境界にボケのようなものが出てしまう場合があります 03 〜 05 。

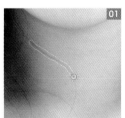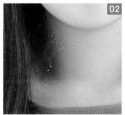

首にかかった髪の毛の修整

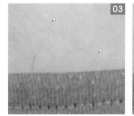

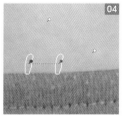

ソース位置を確認する

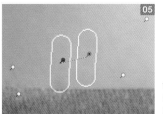

ソースがズレるとエッジが拡散したようになる

ケーススタディ②　人物写真のレタッチ

Chapter 3

02　髪の毛のように重なり合っているものや細かな調整をする場合、ブラシやピンが邪魔になって調整結果が分かりにくくなるので、ツールオプションの［オーバーレイ］のチェックを外して結果を確認します 06 、07 。

さらに、［修復］の右にある［目］のアイコンをクリックして調整前と調整後を確認しながら作業を進めてください 08 ～ 13 。

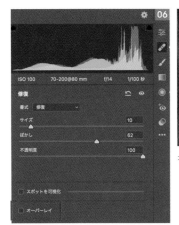

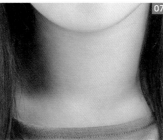

オーバーレイのチェックを外した状態

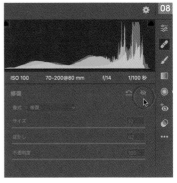

［目］のアイコンをクリック
（ツールバーの赤目ツールアイコンではない）

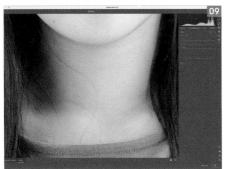

［目のアイコン］をドラッグして調整前を確認

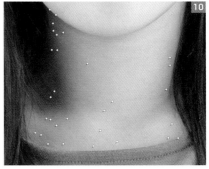

調整結果

服にのった髪の毛

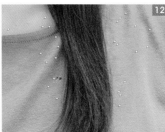

服にのった髪の毛の調整

服にのった髪の毛の調整

肌を滑らかに（Camera Rawフィルター）

01 肌表面の調整を行うために、ツールバーの［円形フィルター］を選択します。中心からドラッグしながら円を描き、上下左右のバウンディングボックスで幅や高さを調整して顔全体に合わせます。

［ぼかし］は境界のぼかしとなるので、マスクオプションにチェックを入れて、ぼけ具合を確認しながら設定します 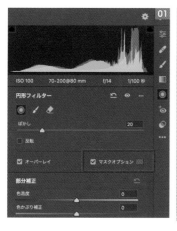、。

中心から広げて
配置

02 ツールオプションの［消しゴム］アイコン（選択した補正から消去）を選択し、目、鼻、口、眉のマスクを消去し、［ブラシ］アイコン（選択した補正に

追加）の［流量］の値を下げてエッジが馴染むように繰り返し調整します  〜 。

目、鼻、口、眉を
選択範囲から
削除する

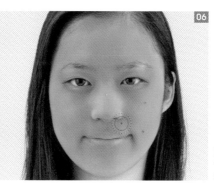

［流量］を下げてエッジが馴染むように追加

Chapter 3

117

03 調整範囲を設定したら、[マスクオプション] の チェックを外し、[テクスチャ] と [明瞭度] のスラ イダーをマイナス側に調整します 07 、08 。 [テクスチャ] は凹凸の濃淡差を調整するもので、 マイナスに調整して濃淡差をなくしていくことで 滑らかに調整することができます。 [明瞭度] はエッジを残したボケ具合の調整で、

マイナスに調整するとエッジ以外の部分がぼけ ていきます。 [ニューラルフィルター]でも[肌をスムーズに]の [ぼかし] と [滑らかさ] のスライダーで同様の調 整を行っていますが、過度な調整を防ぐために調 整幅は狭くなっています。

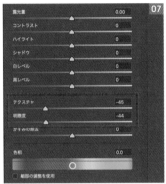

[テクスチャ]と[明瞭度]で滑らか になるように調整

調整結果

·04·

調整がある程度完了したら、全体 表示にして画像表示領域の右下 にある[補正前と補正後の表示を 切り替え]をクリックして、補正前 と補正後を並べて表示させ、確認 しながら再調整を行います 09 、 10 。 ツールオプションの [目] のアイ コンはツールごとの調整結果を確認、 [補正前と補正後の表示を切り替 え]は全体の調整結果を確認でき、 [現在の設定を補正前の設定に コピー]で現状の調整を調整前の プレビューに反映させ、その後の 調整結果と比較できます 11 。

[補正前と補正後の表示 を切り替え]アイコン

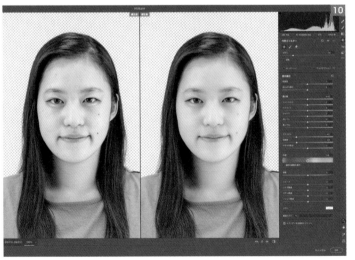

調整結果を並べて確認できる

表示位置、入れ替え、現在の設定をコピー などができる

唇の調整（Camera Rawフィルター）

·01·

唇にあるシワを［スポット修正］で修整します。工程は髪の毛などと同じですが、このような場合ソースは似たような箇所からとられることが多く、シワにブラシを設定すると、別のシワをソースにしてしまうことがあります。ブラシの数も多くなるため細かく調整してください 01 、 02 。

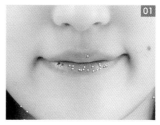

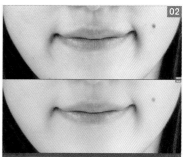

［補正前と補正後の表示を切り替え］で確認

02

ツールバーから［補正ブラシ］を選択し 03 、マスクのカラーを分かりやすくするために、［マスクオプション］のカラーをクリックして［カラーピッカー］を表示してカラーを設定し 04 、調整範囲を作成します 05 。

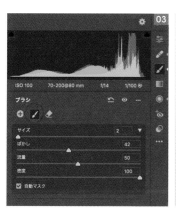

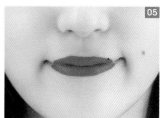

唇に選択範囲を作成

03

ツールオプションの各パラメーターで調整していきます 06 、 07 。

まず、肌と同様に［テクスチャ］と［明瞭度］で調整し、［シャープ］をマイナス側に調整して全体にぼかしの効果を与えます。この調整によって浅めのカラーになるために、［コントラスト］と［黒レベル］などの基本補正で調整し、ブラシの追加、削除で再調整を行います 08 、 09 。

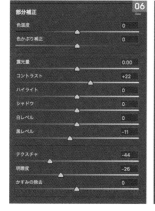

調整結果の確認

マスクの追加、削除で調整

眉と目の周辺の調整（Camera Rawフィルター）

·01·

眉はあとで形状の調整を行いますが、先に毛が薄くなっている部分を調整します。
[スポット修正]で毛の流れが同様な部分をソースとして設定しますが（01 02）、[書式：修復]でブラシ周辺の輝度が上がってしまうような場合は、[書式：コピースタンプ]として 03 、[ぼかし]や[不透明度]を変更して調整してください 04 。

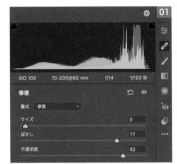

眉の調整

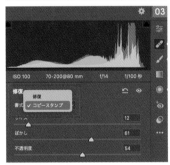

エッジに不具合が生じた場合は
[コピースタンプ]で調整

·02·

目の周辺が暗くなっているのを調整するために、[補正ブラシ]を選択して[自動マスク]のチェックを外して、暗くなっている部分に調整範囲を設定し、ツールオプションの[シャドウ]を明るめに補正します。
明るくするために[露光量]を使用するとカラーも変化させてしまい、境界が目立つようになってしまうので、明るさが足りない場合は[＋]アイコン（新しい補正を作成）で補正を重ねて調整しましょう 05 ～ 07 。

[補正前と補正後の表示を切り替え]で確認し、涙袋を残したいので、涙袋ラインのマスクを消去します 08 ～ 11 。

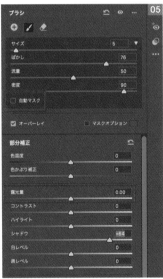

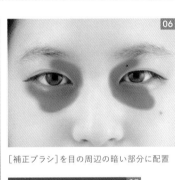

[補正ブラシ]を目の周辺の暗い部分に配置

ブラシの追加アイコン

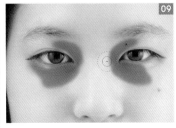

マスクの周辺を馴染ませる

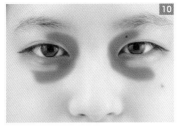

涙袋部分を削除

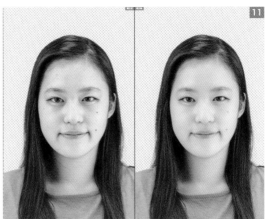

調整結果の確認

·03·

首回りを肌の補正と同様に調整して[Camera Rawフィルター]を適用させます 12 ～ 16 。

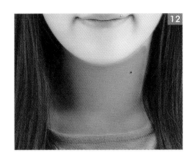

首回りの補正用にマスクを配置

レイヤーの状態

[テクスチャ]と[明瞭度]で調整

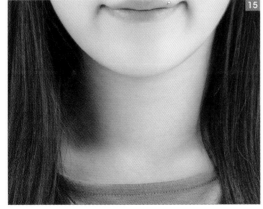

調整前

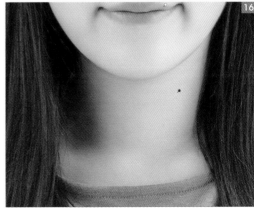

調整後

Chapter 3

目の調整

·01·

左右の目を見比べると左目が少し閉じているように見えるので、瞼を上げるように調整します 01。
[レイヤー1]を選択してから、瞼部分にツールバーの[長方形選択ツール]で選択範囲を作成し、コピー＆ペーストでレイヤーにします 02。
スマートオブジェクトになっているレイヤーからコピーする場合、スマートフィルターが適用された状態でコピーできますが、作成されたレイヤーは通常のレイヤーになるので、スマートオブジェクトに変換します 03。

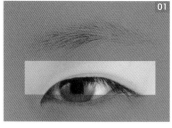

選択範囲が分かりやすいように[クイックマスクモードで編集]で表示

コピー＆ペーストで[レイヤー2]とする

03

·02·

[メニュー→編集→自由変形]もしくはcommand〔Ctrl〕+Tキーで[自由変形]にして、ツールオプションの[自由変形とワープモードの切り替え]をクリックしてワープモードにします 04。
[分割：ワープを水平方向に分割]で瞼のラインに合わせて分割し 05、ハンドルを使用して瞼を変形させます 06、07。

ワープモードで変形させる場合、四辺を動かさなければピクセルの移動がないため境界が目立つことはありません。この調整の場合両サイドに縦の分割ラインを作成すれば縦辺のゆがみは抑えられますが、移動幅が少ないので、レイヤーをラスタライズして[消しゴムツール]で変形した部分を消去します 08〜11。

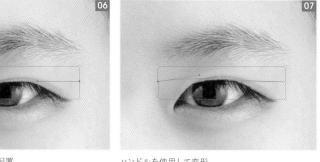

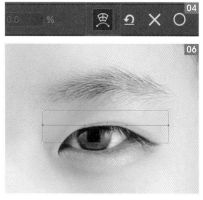

瞼の上に分割ラインを配置

ハンドルを使用して変形

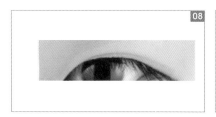

調整結果。両サイドにズレが生じる

レイヤーをラスタライズして、両サイドを[消しゴムツール]で消去する

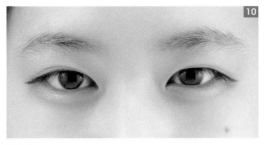

調整前

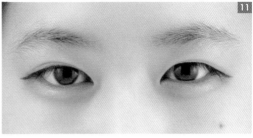

調整後

眉の調整

·01·

眉を細くする調整を行うために、前項『目の調整』と同様に眉周辺に選択範囲を作成して 01 、目の部分を［多角形選択ツール］でoption〔Alt〕キーを押しながら、選択範囲から外していき、レイヤーにします 02 。

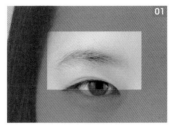

眉周辺に選択範囲を作成

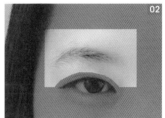

目の周辺を選択範囲から削除

02

ワープモードに切り替えて、眉を囲むように分割ラインを作成し、眉山に縦の分割ラインを追加します 03 。囲っている内側のラインのバウンディ ングボックスやハンドルを利用して眉を細く調整し 04 、反対側の眉は調整済の眉を参考にして調整します 05 、 06 。

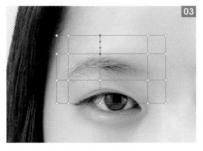

眉を囲うように分割ラインを配置し、眉山に縦ラインを配置

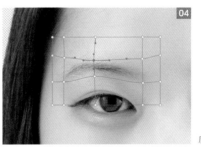

眉を細く調整

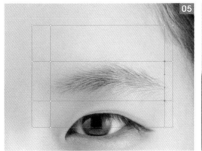

左眉も同様に配置していく

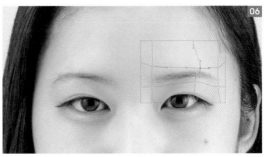

右眉を参考に変形

・ケーススタディ② 人物写真のレタッチ・

Chapter 3

·03·

眉の上下は調整幅が広いため、調整後に［消しゴムツール］で消去します。スマートオブジェクトの状態では［消しゴムツール］は使用できないので、ラスタライズして通常のレイヤーに戻してから消去します 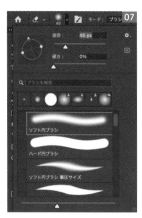 07 、 08 。
瞼のレイヤーを作成した左眉は、目のレイヤーとの境界が出ないように調整します 09 ～ 11 。

変形によってズレた部分を消去

［消しゴムツール］のツールオプションでサイズなどを設定

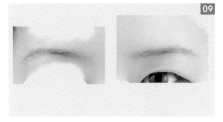

［レイヤー1］を非表示にした状態。左目と左眉の間は違和感がなければ残すように調整

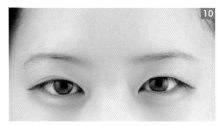

拡大表示してズレなどの違和感がないかを確認

調整結果

輪郭の調整

·01·

フィルターの［ゆがみ］には顔立ちを調整するパラメーターがあり、自然に顔立ちを調整することができます。前述の『目の調整』で行ったような片目ずつといった調整も可能ですが、瞳の大きさも変化してしまいます。
輪郭も［顔の形状］で小顔に調整できますが、この画像の場合、頬の膨らみを抑えたいので、［メニュー→フィルター→ゆがみ］でダイアログを表示させ 01 、左上のツールバーから［前方ワープツール］を選択します 02 。

02 [ブラシツールオプション]でサイズなどを設定し、[追加レイヤーのプレビュー表示]のチェックを入れて[不透明度]の値を下げて調整幅がわかるようにします 、。ブラシサイズはあまり小さくしすぎると調整が難しくなるので、この画像の場合は[サイズ：600]くらいの頬全体を覆うようなサイズで、中心を頬のエッジに合わせてドラッグしながら移動させます 。

[追加レイヤーのプレビュー表示]にチェックを入れて[不透明度：50]とした状態

膨らみがなくなるように調整

[ブラシツールオプション]の[密度]はブラシ内での変形範囲の設定で、値を大きくするとブラシ全体での調整となる。[筆圧]は調整の強度で、値を小さくすると調整幅が少なくなる

·03·

額を少し狭くしたいので、[顔立ちの調整]の[顔の形状]から[額]をマイナス側に調整します 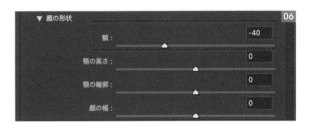。この調整はツールバーの[顔ツール]とリンクしていて、[顔ツール]では画像表示領域内の顔に合わせたラインやポイントを移動させて調整することができます 、。

[顔ツール]と[顔立ちを調整]はリンクしている

調整結果

ケーススタディ② 人物写真のレタッチ

Chapter 3

125

その他の部分の調整

·01·

[ゆがみ]で額を狭くして髪の毛を下げたことで、髪の分け目の地肌が出ているところが目立つようになったので 01、[レイヤー1]を選択し、分け目の右側に[多角形選択ツール]で選択範囲を作成し 02、コピー＆ペーストでレイヤーにします。

地肌が見えている部分の調整

選択範囲を作成

·02·

ワープツールを使用して、地肌に被せるように中心を左にずらし、[消しゴムツール]を使用してエッジの目立つ部分を消去します 03 〜 07。

コピー＆ペーストでレイヤーにしてワープモードで地肌を隠すように調整

エッジが目立たなくなるように消去

調整結果

全体を表示して、バランスを確認する

完成時のレイヤーの状態

03 色被りの調整と背景の処理を行う

After

人物撮影でレフ板を使用するのは、顔を明るく、皺などを見えにくくするためですが、レフ板には色被りを抑えるという効果もあります。緑の上に座っているこの画像の場合、遠目からレフを当てているので、緑の反射でグリーン被りが起きています。背景と、ライティングの関係などを考慮して、手前の床面に白を置いているイメージで調整しましょう。

Before

プロはこう考える

Step 1
切り抜きの抜けを
確認する

Step 2
グリーン被りを
補正する

Step 3
シーンに合わせた
影などの強調

ノイズの低減

01 ノイズには長時間露光ノイズや高感度ノイズがあり、どちらも基本的には同じもので、隣り合ったピクセルの濃度差で起こるピクセルノイズと、その濃度差によってフリンジが発生したことによって起こるカラーノイズがあります  、  。
ノイズ低減処理を行う場合、カラーノイズを調整してからピクセルノイズを調整しますが、ピクセルノイズはあまり調整しすぎると粒状感がなくなってしまいフラットな画像になってしまうので、実際に使用するサイズなどを考慮して調整を行ってください。
また、フラットになってしまった画像を調整する場合は、フィルターの[ノイズを加える]などで揃ったノイズを追加することもできます 。

カラーノイズが出ている状態（例）

ピクセルノイズが出ている状態（例）

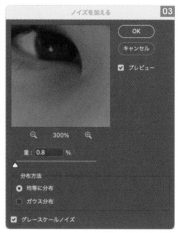

粒状感がなくなった画像には[ノイズを加える]で調整

02 画像を表示させたら、[メニュー→フィルター→Camera Rawフィルター]でダイアログを表示させ、[ディテール]の[カラーノイズの低減]から、[ノイズの軽減]と調整して、失われたシャープを[シャープ]で追加します  〜  。
細かな作業を行うには画像を拡大表示して、画像表示領域の右下にある[補正前と補正後の表示を切り替え]を使用すると、結果を確認しながら調整を行えます 、  。

画像表示領域の右下の[補正前と補正後の表示の切り替え]アイコン

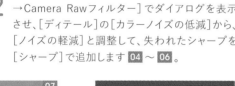

補正前

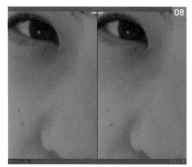

補正前と補正後の表示

補正後

画像の切り抜き

·01·

画像の切り抜きはツールバーの[自動選択ツール]を選択して、ツールオプションの[被写体を選択]をクリックすることで人物全体に選択範囲を作成できます 01 、02 。ツールバーの下にある[クイックマスクモードで編集]をクリックし、クイックマスクに切り替えて、選択範囲の抜けなどを確認します 03 。

選択範囲の抜けを確認

クイックマスクに
切り替えて表示

·02·

デフォルトでマスクは選択範囲外に作成されるので、マスクの追加は[消しゴムツール]、削除は[ブラシツール]で行います。ツールオプションでブラシのサイズや種類、形状などを変更しながら調整してください 04 〜 07 。
クイックマスクアイコンをダブルクリックすることで、クイックマスクオプションが表示され、選択範囲に色をつけるなどの設定ができるので、表示を切り替えて確認しながら作業を進めます 08 〜 10 。

色の似ている部分
などは選択範囲に
追加されてしまう

[ブラシツール]
でマスクの追加
を行う

消去部分に合わせてツールオプションでブラシの設定を変更する

クイックマスクオプションで表示を切り替え

全体表示

03
クイックマスクを解除して、[自動選択ツール]などの選択系ツールのオプションにある[選択とマスク]をクリックして、ダイアログを表示します 11、12。

[選択とマスク]はエッジを検出して選択範囲を作成するものです。先程までの操作で髪の毛な

どの選択しきれなかった範囲を調整するために、左側にあるツールバーから[境界線調整ツール]を選択して、追加もしくは境界を見せたい部分にマスクを合わせてクリックやドラッグしながら調整します 13〜16。

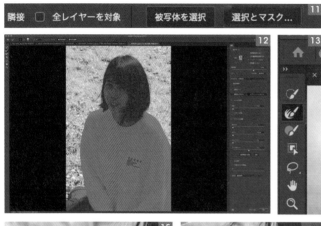

追加したい部分にドラッグしながら移動
させると、自動的にエッジを検出する

[境界線調整
ツール]を選択

クリックすることで再現されていなかった
エッジが再現される

·04·

[選択とマスク]を確定させて、コピー&ペーストしてレイヤーにし、[背景]を非表示にして、髪の毛などの周辺を[消しゴムツール]で調整します 17〜19。

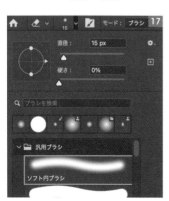

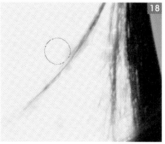

[消しゴムツール]で不要な部分を削除

レイヤーにしたあと、
[消しゴムツール]
を設定

調整結果

色被りの調整

·01·

レイヤーパネルの[レイヤー1]を右クリック（もしくはcontrol＋クリック）して、メニューから[スマートオブジェクトに変換]でスマートオブジェクトにします  01 。

レイヤーに[スマートオブジェクト]のアイコンが表示される

·02·

肌にのった色被りを調整するために、[メニュー→イメージ→色調補正→色相・彩度]、もしくはcommand〔Ctrl〕＋Uキーで[色相・彩度]ダイアログを表示します。
左下の[指]のアイコンをクリックして、変更したいカラーに合わせ、ドラッグしながら左右に移動させる、もしくはスライダーで[彩度]の調整を行います 02 、 03 。[色相]は補色のカラー表示になっているので、グリーン側に移動させることで、マゼンタがのるようになります。
イエロー系の調整で、彩度をマイナス調整したことで、肌全体の[彩度]も調整されてしまうので、プルダウンから[マスター]を選び全体の彩度をプラス側に調整します 04 〜 06 。

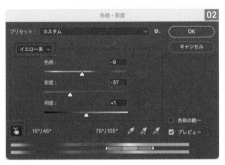

[色相]は補色でカラーが表示される

画像内の調整したいカラーをクリックすると、カーソルがスポイトに変化し、左右に移動させて[彩度]調整が行える

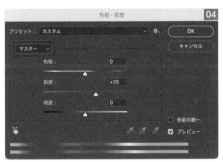

マスターの[彩度]を調整

補正前

補正後

明るさの調整

01 明るさの調整を行うために、[Camera Rawフィルター]を使用します。画像を表示させて、ヒストグラムの両端にある[クリッピング警告]をクリックしてアクティブにしておくことで、白飛び、黒つ ぶれや色飽和などを確認できます **01**。
この画像の場合、ハイライト側の警告が出ているので、[基本補正]の[ハイライト]でマイナス調整します **02** ～ **04**。

警告が表示される　　　　警告が出ないように調整

·02·

[カーブ]はデフォルトで基本的な調整範囲内での調整（パラメトリックカーブ）が行え、[色調補正]のアイコンを切り替えることで、[トーンカーブ]と同様の[ポイントカーブ]調整が行えます **05**、**06**。
パラメトリックカーブではカーブを直接調整した結果が、縦横に4分割された領域パラメーターに反映されるので、数値での確認が行えます。パラメトリックカーブを使用してハイライト警告が出ないように注意して調整し、適用します。[Camera Rawフィルター]は、ダイアログ内で別の調整をかけても調整は維持されます。また、レイヤーをスマートオブジェクトにしておくことで、フィルターはレイヤーパネルのレイヤー内、スマートフィルターに収められ再調整が可能となります。

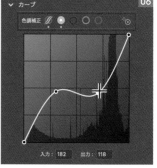

ポイントカーブでは調整範囲の制限なく調整できる（例）

[カーブ]パネルの[パラメトリックカーブ]で調整

132

スマートフィルターの［目］のアイコンで、各調整の表示/非表示が確認できます  ～ 。

スマートフィルターの［目］アイコンの表示/非表示で効果を確認できる

調整前

調整後

顔の調整

01 いったん適用してダイアログを閉じた場合は、スマートフィルター内の［Camera Rawフィルター］の文字部分をダブルクリックして、再度ダイアログを表示します 。

顔にかかった髪の毛やホクロなどを修整するため、右側のツールバーから［スポット修正］を選択し、髪の毛のラインなどに合わせて、ブラシを配置して修整していきます 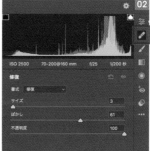 ～ 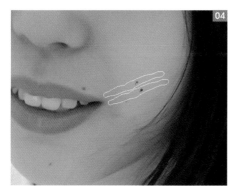。

口元の髪の毛やホクロを修整する

ブラシを髪の毛などに合わせる

細かく作業する

02 ツールを［補正ブラシ］に切り替えて、［マスクオプション］にチェックを入れ、ブラシサイズなどを設定して目、口、鼻、眉以外の部分にマスクを追加します 05 ～ 07 。
マスクを設定したら、［部分補正］の［テクスチャ］と［明瞭度］の値をマイナス側に補正して、エッジが残るように肌表面をきれいに調整します 08 。拡大表示して確認し、違和感が出ている部分は、マスクの［選択した補正に追加］（ブラシアイコン）や［選択した補正から消去］（消しゴムアイコン）で追加、削除して調整します 09 。

エッジにかかる部分は［自動マスク］にチェックを入れて作業する

目、鼻、口、眉以外の部分にマスクを配置

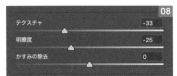

調整結果

·03·

鼻筋を通すために［新しい補正を作成］（＋アイコン）で新規ブラシを鼻筋の影になる部分に作成し、［部分補正］の［シャドウ］でマイナス側に調整し、鼻頭に近い部分に同様な補正を重ねます 10 ～ 12 。

新規マスクで鼻にシャドウを入れる

鼻頭付近にシャドウを追加

調整結果

服にのったカラーの修整

01　柄などのない白い服は反射カラーの影響を受けやすく、白い物の調整は全体の色要素を抜くことで白になりますが、外の場合、影になっている部分は空の青の影響でブルー系の色がのります。この調整では、手前に白を敷いてグリーンの反射を防ぎ、少し離れた所からレフで光量を追加しているイメージで調整しているので、多少ブルーを感じる程度に調整します **01**。

[Camera Rawフィルター] の [補正ブラシ] を選択し、[自動マスク] のチェックを外してエッジにかかっていない部分を大きめのブラシで配置します **02**、**03**。次に [自動マスク] のチェックを入れて、エッジにかかっている部分を細かく調整します **04**。はみ出した部分はブラシの [選択した補正から消去]（消しゴムアイコン）で消去します **05**、**06**。

服に被ったグリーンカラー

[自動マスク] を外す

エッジにかからない部分を大きく選択

マスクを小さくしてエッジ付近に配置

[選択した補正から消去]（消しゴムアイコン）や [選択した補正に追加]（ブラシアイコン）で調整

·02·　カラー調整するためのサンプルとして、グリーンが被っていない部分にカーソルを合わせます **07**。ヒストグラムに表示される数値を確認すると、Rが少なくBが多めの数値になっているので、ブルーとシアンが強めになっていることが分かります **08**。

色の被っていない部分にカーソルを合わせる

ヒストグラム内の数値
R:204 G:213 B:221

Chapter 3

135

·03·

[部分補正]の[彩度：-100]として色要素をなくし（）、[カラー]のボックスをクリックして[カラーピッカー]を表示して、シアンとブルーの混色あたりでカラー設定します 。

[彩度：-100]の状態

カラーピッカーが表示されるので、シアンとブルーの混色を選択

·04·

首元のエッジには肌のカラーがのるため、首との境界をブラシのぼかしエリアを使って馴染むように消去し、いったん確定して背景とのバランスを見て濃度やカラーを再調整します 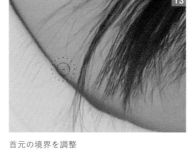 〜 15 。また、カラー調整によって白飛びなどを起こす場合があるので、マスクから削除します 16 、17 。

白飛び部分を削除

首元の境界を調整

一度適用して、調整結果を確認

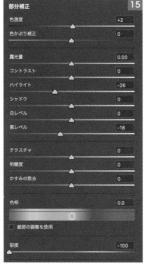

[補正ブラシ]のピンを選択して[部分補正]の[ハイライト]と[黒レベル]でアンダー側に調整

調整結果

ライティングの変更

01 右上からのライティングの受けとして、左側にレフ効果を与えるために［段階フィルター］を選択して、肩口から顔の中央に向けてドラッグしながらフィルターを配置します 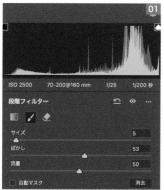、。

［部分補正］の［露光量］をプラス側に調整し、白飛びした部分を［選択した補正から消去］（消しゴムアイコン）でマスクから消去します 〜。

ISO 2500　70-200@160 mm　f/25　1/200 秒

左から右に配置

［露光量］を調整した結果

［選択した補正から消去］（消しゴムアイコン）で白飛び部分を消去

調整結果

背景をぼかす

・01・

『画像の切り抜き』（129ページ）と同様の手順で、［背景］から［自動選択ツール］の［被写体を選択］をクリックして人物に選択範囲を作成し、［メニュー→選択範囲→選択範囲を反転］で背景側を選択範囲にして、選択範囲の抜けなどを調整します 〜。

マスクの追加、削除で選択範囲を調整

ケーススタディ②　人物写真のレタッチ

Chapter 3

137

02 クイックマスクから通常の編集モードに戻った状態で、[レイヤーマスクを追加]でマスクを作成し **04**、ツールバーの[グラデーションツール]の ツールオプションで[黒から透明]のグラデーションを選択もしくは作成し **05**、下から上に向けてグラデーションを配置します **06**、**07**。

グラデーションツールの[黒から透明]

[レイヤーマスク]を選択し、下から上にグラデーションを配置

調整結果

·03·

背景を再選択して[メニュー→フィルター→ぼかし→ぼかし（レンズ）]でダイアログを表示します **08**、**09**。
[ソース]のプルダウンから[レイヤーマスク]を選択し、[ぼかしの焦点距離：0]として、[半径]でボケ具合を調整します **10**〜**12**。

ソースを[レイヤーマスク]にする

[ぼかしの焦点距離]を0として、[半径]でボケ具合を調整

調整結果

·04·

フィルターを適用し、レイヤーマスクを右クリック（もしくはcontrol＋クリック）でメニューを表示させ、[レイヤーマスクを使用しない]もしくは[レイヤーマスクを削除]を選択します 、 。

[レイヤーマスクを使用しない]を選択

·05·

ツールバーから[コピースタンプツール]を使用して、髪の毛の背景側がぼやけて違和感のある部分や、足元の枯葉などを調整します  〜  。

背景側に髪の毛のボケが出ている

コピースタンプツールで調整

足元の枯葉

コピースタンプツールで調整

04 背景色の調整とボケの補正

After

逆光でホワイトバランスを取ると、青空の反射によってアンバーに転ぶことがあります。調整としてはブルー系を強める（イエロー系を弱める）補正を行いますが、被写体と背景などのバランスによっては個別のカラー調整を行う必要があります。

Before

プロはこう考える

Step 1
ボケやブレなどを確認し、補正を行う

Step 2
[色相・彩度]で調整範囲を調整する

Step 3
背景のボケ具合を確認する

ブレの補正

·01·

シャープ補正は被写界深度が浅い場合のピントのズレなどを調整するものですが、モニターで拡大表示して調整すると、過度な調整になってしまう場合があります。これはノイズ低減や色補正などにも言えることで、拡大表示と全体表示を切り替えて、確認しながら使用サイズに合わせた調整を行ってください。

また、様々な調整を重ねることによって、各調整に影響が出る場合があるので、再調整が可能なスマートオブジェクトに変換してください 01 、 02 。

スマートオブジェクトアイコンが表示される

·02·

拡大表示で確認すると前ピンによるボケが出ているので[メニュー→フィルター→シャープ→スマートシャープ]でダイアログを表示します 03 、 04 。

[スマートシャープ]は[量]と[半径]でシャープ補正を行いますが、いずれかが[0]の場合、結果が得られないので、適用量の[量]を200%あた りに設定してから調整範囲の[半径]をスライドさせてシャープを調整し、発生したノイズを[ノイズを軽減]で調整します。拡大率を変更しながら調整幅を確認し、[量]と[半径]を調整します。[シャドウ]、[ハイライト]は調整によってエッジに発生するシャドウ・ハイライトのズレを調整します 05 ～ 07 。

顔の部分を拡大すると、少しピントが甘くなっている

元画像

シャープ処理で際立ったシャドウとハイライト

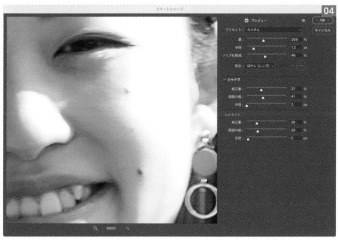

[量][半径][ノイズを軽減]で調整し、[シャドウ][ハイライト]でエッジに強調されるシャドウとハイライトを調整

調整結果を拡大表示から全体表示に切り替えて確認

色調補正

01 画像全体の補正を行うために、[メニュー→イメージ→色調補正→レベル補正]もしくはcommand〔Ctrl〕+Lキーでダイアログを表示させ、各チャンネルのヒストグラムの山を確認し **01**、両端の壁から離れている部分をスライダーで調整します。

この画像の場合は、レッドチャンネルとグリーンチャンネルのシャドウ側を詰めたことで、シアンとマゼンタが強調し、RGBチャンネルで全体を明るめに調整しています **02** 〜 **05**。

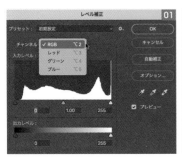

[チャンネル]のプルダウンから、カラーを選択

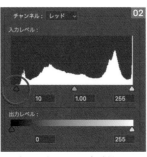

レッドチャンネルのアンダー側を
[0]から[10]に変更

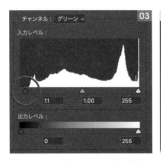

グリーンチャンネルのアンダー側を
[0]から[11]に変更

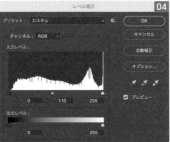

チャンネルをRGBに戻して、中間値を
[1.10]に設定

調整結果

02

人物周辺のグリーンの調整を行うために、[メニュー→イメージ→色調補正→色相・彩度]もしくはcommand〔Ctrl〕+Uキーでダイアログを表示させ、左下の[指]をクリックして画像のグリーン部分にスポイトを合わせます **06**、**07**。調整カラーが選択されるので、[色相]を極端に移動させて相対色カラーに変換します **08**、**09**。

背景のグリーン部分でスポイトする

カラーが[マスター]から[イエロー系]になり、[色相]を相対色側に設定

ダイアログ下の［スポイトマイナス］アイコンや調整幅スライダーで人物にかかったカラーが抜けるように調整します  、  。

［彩度］スライダーを大きく動かして影響の出る範囲を確認してから、［色相］と［彩度］スライダーでカラー調整を行います 12 、 13 。

下のスライダーで調整範囲を調整

［色相］と［彩度］で調整

調整結果

範囲を調整した結果

色相と彩度を調整した結果

Camera Rawフィルターによる補正

·01·

Photoshopはアップデートに伴って機能が追加されていくため、同じような調整ができるモジュールが存在します。調整する状況に合わせてモジュールを使用しましょう。

［Camera Rawフィルター］はLightroomの基本補正と同様の構成で、基本補正やカラー調整など様々な調整が行える機能です。

［メニュー→フィルター→Camera Rawフィルター］でダイアログを表示し、ヒストグラム両端のクリッピング警告をアクティブにして、画像表示領域内の警告がなくなるように調整します 01 、 02 。

クリッピング警告をアクティブにすることで警告を表示

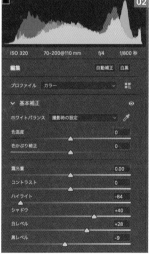
［基本補正］の［ハイライト］［シャドウ］［白レベル］［黒レベル］で補正

·02·

ツールバーから［スポット修正］を選択し、顔のホクロや髪の毛などをブラシを配置して修整します。［スポット修正］のブラシは、修整ポイントに合わせて配置することで、ソースを自動的に採取し修整されます 03 〜 05 。

また、ソースポイントは移動させることができ、髪の毛などの形状が複雑な部分はドラッグしながら移動せることで修整ができます。

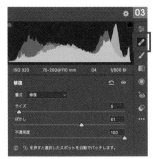

［スポット修正］を選択

顔などのホクロや髪の毛を修整

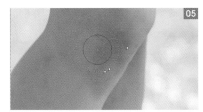

膝の傷なども修整

03

ツールを［補正ブラシ］に切り替えて［マスクオプション］にチェックを入れて、目、鼻、口、眉を除いた部分にブラシを配置します。はみ出した部分は［自動マスク］にチェックを入れて［選択した補正から消去］（消しゴムアイコン）に切り替えて消去します 06 、 07 。

配置が完了したら［マスクオプション］のチェックを外して、［部分補正］の［テクスチャ］と［明瞭度］をマイナス側に補正し、肌の質感を滑らかにして、明度を上げるために［シャドウ］をプラス側に補正します 08 〜 10 。

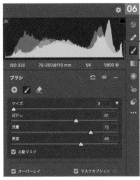

［補正ブラシ］を選択

顔全体から、目、鼻、口、眉以外にマスクを配置

補正前と補正後

調整後

［部分補正］の［テクスチャ］［明瞭度］で肌を滑らかにし、［シャドウ］で明るめに調整

背景の調整

·01·

[色相・彩度]の調整で発生した色の境界のノイズを調整するために、レイヤーをラスタライズして、スマートオブジェクトから通常に戻します。
ツールバーの[自動選択ツール]を選択し、ツールオプションの[被写体を選択]をクリックして、選択範囲を反転させ人物以外を選択範囲にします 01 〜 03 。

選択範囲を反転させて、人物以外を選択範囲にする

色の境界にノイズが出る

·02·

ツールバーから[ぼかしツール]を選択し、ツールオプションで[ソフト円ブラシ]で（強さ：50%）として色の境界やノイズの目立つ部分を修整します 04 、 05 。
[ぼかしツール]で修整しきれない部分は、[コピースタンプツール]でブラシサイズを大きめにして、ソース位置を切り替えながら調整します 06 〜 08 。

[ぼかしツール]のオプションの[ソフト円ブラシ]で（強さ：50%）と設定

調整後

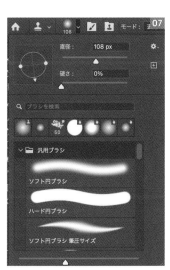

[ソフト円ブラシ]で（直径：108px）と設定

[ぼかしツール]では調整しきれない部分

ソースを変更しながら配置

ハイパスによるシャープ調整

01 シャープ調整を行うための方法は複数ありますが、エッジのコントラストを強めるシャープ調整を行うとノイズのエッジも際立ってしまうために、ノイズ低減処理が必要になります。最初に行った、[スマートシャープ]や[Camera Rawフィルター]には、シャープ処理とノイズ軽減のパラメーターがあるので、バランスを見ながら調整を行えますが、いずれの方法でもノイズ低減処理によりエッジに甘さが残ってしまう場合があります。[ハイパス]を使用したシャープ処理はノイズにあまり影響を与えずに調整が可能なので、全ての作業の終了後に別処理として調整します。

レイヤーを複製し、スマートオブジェクトに変換して **01**、[メニュー→フィルター→その他→ハイパス]でダイアログを表示し、エッジが強調されるように調整します **02**。
[メニュー→イメージ→色調補正→白黒]で色要素をなくし（**03** **04**）、レイヤーパネルの[レイヤーの描画モードを設定]プルダウンから[ソフトライト]を選択します **05**。
レイヤーの[不透明度]でシャープの具合を調整できるので、画像を確認しながらスライダーで調整します **06**〜**09**。

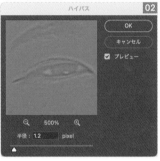

[ハイパス]のダイアログ

調整結果

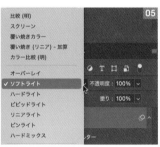

レイヤーパネルのプルダウンから
[ソフトライト]を選択

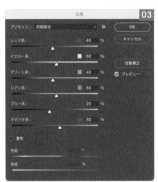

調整前

調整後

スマートフィルターの[ハイパス]を再表示して、全体画像で調整

05

切り抜きと背景調整

After

Before

人物画像の切り抜きは、背景と被写体のカラーや濃度の差があれば［自動選択ツール］の［被写体を選択］で精度の高い選択範囲を作成できますが、画像の状態によっては選択範囲から抜けた部分ができてしまいます。方法としては、抜けた部分の選択範囲を追加するか、最初からパスを使って選択範囲を作成することになります。

・ ケーススタディ②　人物写真のレタッチ ・

プロはこう考える

Step 1

クイックマスクを使用した
細かな調整

Step 2

素材となる
フィルターの配置

Step 3

描画モードを利用して
透過の設定をする

Chapter 3

パスの設定

·01·

パスは、ツールバーの［ペンツール］を選択
し、ツールオプションのプルダウンから［パ
ス］を選択して使用します **01** 。ツールオプ
ションの［パスの操作］は［シェイプを結合］
を選択し、［ペンやパスのオプションを追加
設定］で、太さやカラーを設定します。［ラバー
バンド］にチェックを入れると次のアンカーポ
イントまでのラインを表示できるようになりま
す **02** 。

［パスの操作］で［シェイプを
結合］を選択し、オプションで
設定を変更する

·02·

パスはアンカーポイントを繋いでベジェ曲線を描
画します。直線を描く時はクリックしてアンカーポ
イントを配置します。曲線を描く時はドラッグして
ハンドルを操作します。command〔Ctrl〕キーを
押すと［パス選択ツール］に切り替わり、アンカー
ポイントやハンドルを移動できます。option〔Alt〕
キーを押すと［アンカーポイントの切り替えツー
ル］に切り替わり、角を作ることができます。

画像を拡大表示して体のラインに合わせてパス
を配置し **03** 、髪の毛はあとで調整するので広め
にとってパスを結合させます **04** 、 **05** 。
ツールオプションの［選択］をクリックして、［選択
範囲を作成］ダイアログの［境界］で［ぼかしの
半径：0.3pixel］として適用します **06** 。コピー＆
ペーストで［レイヤー1］にし **07** 、再度、パスを使
用して髪の毛周辺にできるだけ細かくパスを配
置します **08** 。

ベジェ曲線を使用して、カーブに
合わせてパスを配置

髪の毛などの周辺は
広めに配置する

配置結果

髪の毛の外側と背景の
不要な部分を囲むよう
に、外側にパスを描画

クイックマスクでの調整

01 パスから選択範囲を作成して、ツールバーの下にある[クイックマスクモードで編集]をクリックします **01**。
クイックマスクはダブルクリックで[クイックマスクオプション]を表示して着色範囲を変更することができ **02**、[消しゴムツール]と[ブラシツール]を使用して追加や削除が行えます **03**～**05**。
クイックマスク使用後に[消しゴムツール]で細かく調整を行うので、ブラシオプションの[不透明度]や[流量]の数値を落として、エッジを馴染ませながら余白を残すように調整します **06**。

マスク部分にカラーが設定される。
マスクの消去は[ブラシツール]、
追加は[消しゴムツール]で行える

細かな部分をブラシで調整

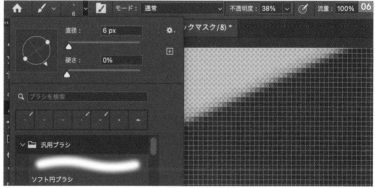

ブラシのオプションで形状や
サイズなどを設定

ブラシオプションで[不透明度]を下げて、
背景側をある程度残すように調整

·02·

クイックマスクを解除して髪の毛外側の選択範囲をdeleteキーで消去します **07**。
[消しゴムツール]で残っている髪の毛の隙間の背景などを消去します。ブラシを細めに設定し、強く消しすぎないように[不透明度]と[流量]の数値を低めに設定、[滑らかさ]を使用して、設定を変更しながら複数回徐々に消去します **08**。

クイックマスクを解除して
選択範囲表示にし、delete
キーで削除

[消しゴムツール]の[不透明度][流量]
の数値を下げ、[滑らかさ]を併用して強
く消しすぎないようにしながら、複数回
消去作業を行う

ケーススタディ② 人物写真のレタッチ

Chapter 3

149

木の切り抜き

·01·

もたれかかっている木はエッジ部分がボケているので、人物とは別に切り抜きます。

レイヤーパネルの[背景]を選択して、パスをぼけているエッジの内側に配置して、人物がかかっている部分は人物ごと範囲に含むように選択してパスを結合させます 01 、 02 。

ツールオプションの[選択]をクリックして、[選択範囲を作成]で[ぼかし半径：2pixel]として選択範囲を作成し 03 、コピー＆ペーストでレイヤーにします 04 、 05 。

木の周辺にパスを配置

人物にかかっている部分は大まかに配置

コピー＆ペーストで[レイヤー2]にする

[背景]を非表示にした状態

葉を作成して枝を目立たなくさせる

·01·

頭の上にかかっている枝に葉がかかったようにして目立たなくします。方法としては、周辺の葉をコピーして被せていくか、別の画像から素材を持ってくるかですが、ここではフィルター内にある描画の[木]を使用します。描画には[炎]や[雲模様]といったCG素材が複数用意されていて、そのまま使用すると違和感のでてしまうものもありますが、加工をすることで臨場感を出すことができます。

[メニュー→レイヤー→新規→レイヤー]で新規レイヤーを作成して、[メニュー→フィルター→描画→木]でダイアログを表示します 01 、 02 。

[ベースとなる木の種類]には複数の木があり、ライティングや葉の量など複数の設定で、季節感など目的に合わせた表現することができます。

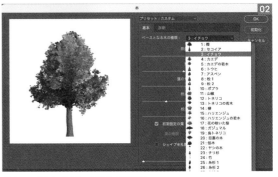
ダイアログから、[木]の種類などを設定

木の種類を設定して確定すると、レイヤー内に配置されます  03 。レイヤーをスマートオブジェクトに変更して、[メニュー→編集→自由変形]もしくはcommand〔Ctrl〕+Tキーで木を拡大します 04 。

[メニュー→フィルター→ぼかし→ぼかし（ガウス）]で背景のボケ具合に合わせてぼかします 05 、 06 。

背景のボケ具合に合わせて[半径]を設定

木を配置

背景のサイズに合わせて、拡大する

調整結果

·02·

レイヤーパネルの［レイヤーの描画モードを設定］を［スクリーン］に設定し（ 07 08 ）、[メニュー→レイヤー→レイヤーを複製]でコピーを作成します 09 。

レイヤーパネルの［レイヤーの描画モードを設定］を［スクリーン］に設定

調整結果

レイヤーを複製する。描画モードやスマートフィルターはそのままコピーされる

·03·

レイヤーの描画モードやスマート
フィルターは、そのままコピーされ
るので、［ぼかし（ガウス）］をダブ
ルクリックしてダイアログを表示
し、ボケ具合を変更し、画像を移
動させて重なり具合を調整します
、。

スマートフィルターの［ぼかし（ガウ
ス）］でボケ具合を変更

調整結果

［スクリーン］は背景の濃淡に合
わせて、濃度の高い部分にかけ合
わされるので、輝度の高い部分に
は影響しませんが、レイヤーを重
ねると明度が上がってしまうので、
［塗り］や［不透明度］の数値を
下げて調整を行ってください、
。

［塗り］で濃度を調整

調整結果

顔の調整

·01·

顔の調整を行うために［レイヤー1］をスマー
トオブジェクトに変更して、［メニュー→
フィルター→Camera Rawフィルター］で、
ダイアログを表示させます。

［レイヤー1］を
スマートオブ
ジェクトに変換

顔全体が見えるように拡大表示して、パネル右のツール
バーから［スポット修正］を選択し 、ブラシでホクロや
髪の毛を修整します。左目までかかっている髪の毛は1回
の修整ではソースがとりにくいので、段階に分けてソース
位置を変更しながら修整を行ってください  ～ 。

修整前

修整後

全体のホクロなどを修整

·02·

修整が完了したら、［補正ブラシ］
に切り替えて［マスクオプション］
にチェックを入れ、目、鼻、口、眉
以外の部分にマスクを配置し、髪
の毛などのエッジにかかる部分は
［自動マスク］にチェックを入れ
て追加します  ～ 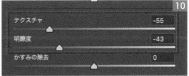。
［部分補正］の［テクスチャ］と［明
瞭度］をマイナス補正して肌表面
を滑らかに補正して、全体を確認
し、馴染んでいない部分は［選
択した補正に追加］（ブラシアイ
コン）や［選択した補正から削除］
（消しゴムアイコン）で調整しま
す  ～ 。

［自動マスク］のチェックを外し、
［マスクオプション］のチェック
を入れる

マスクを配置

エッジにかかる部分は［自動マスク］に
チェックを入れて追加

修整前

修整後

06 カンバスサイズを変更して空を調整する

After

35mmカメラの通常の比率は3：2でA4サイズにプリントする場合長辺側に余白が出てしまいます。できるだけ画像を拡大しないようにA4サイズに合わせ、被写体に影響を与えずに画像を伸張させる手法で足が長く見えるように処理します。また、人物に露光量を合わせて空が白くなってしまう場合には［空を置き換え］の調整を理解して自然に空を置き換えます。

Before

プロはこう考える

Step 1
背景などが変形しすぎないように変形作業を行う

Step 2
不要な背景の消去設定

Step 3
［空を置き換え］で、空を調整

カンバスサイズの変更

·01·

画像をA4縦位置サイズに合わせるために［メニュー→イメージ→カンバスサイズ］でダイアログを表示し、［変更後のファイルサイズ］の幅と高さをそれぞれ21cm、29.7cmとします 、。

カンバスサイズをA4サイズに設定

設定後

·02·

レイヤーパネルの［背景］をダブルクリックしてレイヤーに変更してから 、［メニュー→編集→自由変形］もしくはcommand〔Ctrl〕+Tキーで、天地の余白がなくなるように拡大します 。
画像の拡大は、拡大処理をした段階でピクセル補間が行われるので、ある程度まではピクセルのトーン差が出ることはありません。しかし、あくまでも補間なので極力拡大率は大きくならないように処理を行いましょう。

［背景］をダブルクリックで［レイヤー0］とする

自由変形で天地合わせにする

コンテンツに応じて拡大

·01·

脚を長く見せるために、この画像の場合は服にかからない範囲で膝上から画像の底辺にかけて［長方形選択ツール］で選択範囲を作成します 。

膝上から下に向けて
選択範囲を作成

·02·

[メニュー→編集→コンテンツに応じて拡大・縮小]を選択し、下中央のハンドルをドラッグして下方向に伸張させます  。同様に、左右の空白にも選択範囲を作成して拡大し、空白部分を埋めます  、  。

[コンテンツに応じて拡大・縮小]での調整では、選択範囲を腰あたりに設定しても、服や手などに影響させずに調整が可能ですが、画像の状況によっては影響が出る場合があるので、画像に合わせた選択範囲を作成し、調整してください。

下中央のハンドルを下にドラッグして伸張させる

画像両サイドの空白
部分も同様に調整

調整結果

不要な部分の調整

·01·

画像右にある不要な部分の調整を行うために、[長方形選択ツール]などの選択系ツールで選択範囲を作成し  、[メニュー→編集→コンテンツに応じた塗りつぶし]でダイアログを表示させます 02 。

修整したい部分に大まかな選択範囲を作成

ダイアログ内の［サンプリング領
域のオーバーレイ］で設定したカ
ラーでサンプリング領域が表示さ
れ、その領域の画像でランダムな
組み合わせで画像を作成します。
サンプリング領域はダイアログ左
のツールバーで調整ができ、［サ
ンプリングブラシツール］のツー
ルオプションを使用して追加や削
除を行えます 03 、 04 。
この画像の場合は、人物にかかっ
たサンプリング領域を削除しま
す。また、塗りつぶし領域は［なげ
なわツール］で設定することがで
き、調整結果はプレビューで確認
できます 05 。

ツールバーの［サンプリングブラシツール］
を選択

プレビュー画面で確認

［サンプリングブラシツール］のツールオプションで［マイナス］のアイコンを
選択し、不要なサンプリング範囲を削除

02 ［出力設定］の［出力先］を［新規レイヤー］としてお
くことで適用後、レイヤーパネルに別レイヤーとして
配置されるので 06 、違和感のある部分を［消しゴ
ムツール］で調整し、［下のレイヤーと結合］もしくは
command〔Ctrl〕＋Eキーで結合させます 07 、 08 。

［出力設定］の［出力先：新規レイヤー］
でコピーが作成される

調整前

調整後

Chapter 3

空の置き換え

·01·

[メニュー→編集→空を置き換え]での調整 01 は、曇り空の空に青空を配置したり、昼の景観を夕景に変更したりすることができます。テンプレートに複数の空模様の画像が用意されていますが、自身の画像を追加することもできます 02 、03 。
また、適用後はレイヤーとして調整が配置されるので、調整レイヤーやレイヤーマスクを再調整することが可能です。

[空]のプルダウンから[画像から空を読み込む]をクリック

読み込み画像を指定する

02

空をプルダウンから選択すると画像の空部分に配置されるので（ 04 05 ）、[反転]をチェックするとライティングの方向を逆にすることができ、ツールバーの[空の移動ツール]と[拡大・縮小]スライダーで位置を調整できます 06 、07 。
[エッジをシフト]で境界のボケ具合の調整、[エッジをフェード]で境界の明度を調整します。[前景の調整]は配置した空による色被りの調整で、[照明の調整]は境界に合わせた濃度の幅を設定、[カラー調整]は画像全体に配置された空の基準色を被せていく設定です。

木の隙間などにも配置される

[空]のプルダウンから画像を選択

ライトの向きに合わせて[反転]のチェックを使用し、[拡大・縮小][空の移動ツール]で配置変更を行い、各パラメーターで調整

調整結果

03 ［空を置き換え］は空と認識される部分に画像を配置しますが、この画像の場合、人物の肩口の輝度の高い部分は元の背景と馴染んでいるので、空の一部とされてしまいます。

このように範囲が広範囲の場合は、適用後に人物部分のみパスなどで別レイヤーとしてレイヤーパネルの上位置に配置することで解決されますが、この画像の場合はツールバーの［空ブラシ］を使用して、奥の森から肩口にかけてツールオプションで大きめのブラシサイズで不透明度を下げて、消去して調整します 08 〜 11 。

［空ブラシ］

ブラシで境界部分の消去調整を行う

ツールオプションでブラシの設定を行う

調整結果

レイヤーパネルで空を調整

・01・

［空を置き換え］ダイアログの［出力］で、［出力先：新規レイヤー］としておくことで、適用後に各調整がレイヤーパネルにレイヤーとして配置されます 01 。

［出力設定］の［出力先：新規レイヤー］で各調整がレイヤーパネルに配置される

［空の明るさ］は［空の調整：明度］の再調整で無調整の場合は配置されない

［空の温度］は［空の調整：色温度］の再調整で無調整の場合は配置されない

［空の調整］は調整した場合、［空］レイヤーの［調整レイヤー］として配置され、［前景の調整］は［0］と調整しても個別のレイヤーとして［不透明度：0］として配置されます。

各レイヤーは、プロパティパネルや、レイヤーマスクを使用して再調整を行うことができます 02 〜 07 。

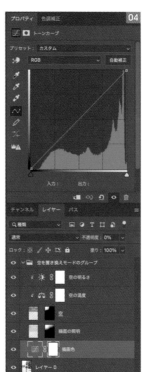

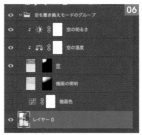

［描画の照明］は［前景の調整：照明の調整］の再調整で、無調整の場合は［不透明度：0］で配置される

調整結果

［描画色］は［前景の調整：カラー調整］の再調整で、無調整の場合は［不透明度：0］で配置される

不要な調整用レイヤーは、非表示にする

·02·

手前の人物にピントが合っているので、［空］レイヤーを選択して 08 、［メニュー→フィルター→ぼかし→ぼかし（ガウス）］でダイアログを表示して、奥の森よりボケるように調整します 09 、 10 。

［空］レイヤーを選択

ぼかし設定を行う

調整結果

肌の調整

·01·

素肌の調整を行うために、[レイヤー0]を選択し、[スマートオブジェクト]に変換します。
[メニュー→フィルター→Camera Rawフィルター]でダイアログを表示させ **01**、ヒストグラム両端の[クリッピング警告]をアクティブにして、警告部分を確認します **02**。人物にかかっている警告がなくなるように、[基本補正]で調整を行い、拡大表示に切り替えて、[ディテール]パネルでシャープ調整を行います **03** ～ **07**。

[レイヤー0]のみの調整のため空は表示されない

人物にかかった警告がなくなるように[基本補正]の[ハイライト]で調整し、ヒストグラムの左端を詰めるように[黒レベル]で調整

拡大表示で顔のエッジなどを確認

拡大補間で甘くなったエッジを[ディテール]で調整

全体表示で確認

·02·

ツールバーの[スポット修正]のブラシで肌にあるホクロや傷などを修復します **08**、**09**。ソースは自動で採取されるので、ソース位置を移動させたい場合はドラッグしながら行ってください。

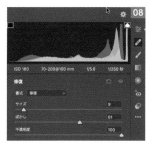

ブラシサイズなどを変更しながら顔を修整

·03·

［スポット修正］で脚のホクロや傷などを修復します  。

脚を明るめに調整するためにツールバーの［補正ブラシ］を選択し、［自動マスク］と［マスクオプション］にチェックを入れて脚全体にマスクを配置します。次に［マスクオプション］のチェックを外して［部分補正］で調整します 11 〜 15 。

［補正ブラシ］の［自動マスク］と［マスクオプション］にチェックを入れる

［部分補正］の［テクスチャ］と［明瞭度］で滑らかに調整し、［露光量］と［シャドウ］で明るめに調整。調整結果で彩度が上がるので［彩度］でマイナス調整を行う

顔と同様に［スポット修正］で脚を修整

脚全体にマスクを配置

調整結果

全体表示で確認

レイヤーの描画モードでフレアー効果を与える

After

Before

撮影時にバックからのライトを強めると濃淡差によるフレアーが出てしまいます。レンズ前のフィルターなどで故意にかけていないフレアーは、ハレーションや色への影響などがあるため、遮光などで極力出ないように撮影するのが通常です。ただ、フレアーの効果は柔らかさと美しさを演出できるものなので、後処理として表現しましょう。

・ケーススタディ② 人物写真のレタッチ・

プロはこう考える

Step 1

髪の毛などの消去調整

Step 2

肌全体を滑らかに補正する

Step 3

重ね合わせたレイヤーの描画モードでの調整

Chapter 3

肌の調整

01 [背景]をスマートオブジェクトに変換して、[メニュー→フィルター→Camera Rawフィルター]で顔を中心とした肌調整を行います 01 。
ダイアログのツールバーから[スポット修正]を選択し、ブラシをホクロや髪の毛などに合わせて配置します。ソースは自動で採取されるので、ソース位置を変更したい場合は、ドラッグして移動させてください 02 、03 。
唇の皺は拡大して、ブラシやピンで見えにくくなった場合は[オーバーレイ]のチェックを外して確認しながら調整を行ってください 04 、05

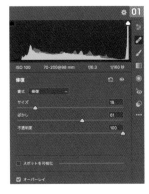

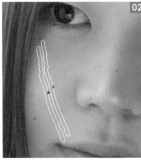

髪の毛のような形状のものは、ドラッグしながら形状に合わせる

ホクロなどはクリックでソースが自動で採取される

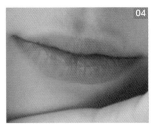

唇の皺の修整は拡大表示で行う

唇の修整

02

ツールバーの[補正ブラシ]に切り替えて[自動マスク]、[マスクオプション]にチェックを入れ、唇にマスクを配置します 06 、07 。
[マスクオプション]のチェックを外し、[部分補正]の[テクスチャ]、[明瞭度]、[シャープ]をマイナス調整で滑らかにし、[色相]、[彩度]でカラー調整し、[黒レベル]で濃度調整を行います 08 。

[ブラシ補正]で唇全体にマスクを配置

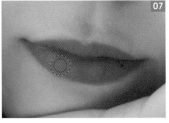

エッジ部分は[自動マスク]にチェックを入れて配置

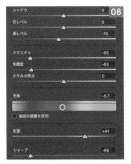

[部分補正]の[テクスチャ][明瞭度][シャープ]をマイナス側に補正、[色相]と[彩度]で色の補正、濃度を[黒レベル]で補正

際立った輪郭のエッジ部分は［選択した補正から消去］（消しゴムアイコン）を使用し、［自動マスク］と［マスクオプション］のチェックを外して、馴染むように消去調整します 、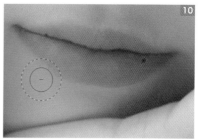。

ツールの［ぼかし］を広めに、［流量］を少なめに設定して何度かなぞるように調整

補正後、エッジ部分は［選択した補正から消去］で調整

---

03 ［新しい補正を作成］（＋アイコン）で［部分補正］の［テクスチャ］と［明瞭度］をマイナスに設定して、毛穴などが目立つ部分に効果を確認しながらマスクを配置していきます 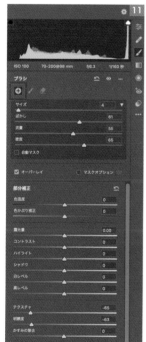、。

マスクは別マスクで効果をかけ合わせることができるので、目立つ部分は［新しい補正を作成］で追加します  〜 。

位置が分かりやすいように［マスクオプション］にチェックを入れているが、チェックを外して調整具合を確認しながら調整する

調整しきれない部分は別補正で重ね合わせる

［部分補正］の設定を［テクスチャ］と［明瞭度］以外は［0］として［新しい補正を作成］で別補正とする

調整結果

適用すると、スマートフィルターに格納される

全体表示で確認

Chapter 3

描画モードを変更したレイヤーを重ねる

·01·

[レイヤー0]を選択して右クリック（もしくはcontrol+クリック）でメニューを表示し、[レイヤーを複製]を選択し、複製を作ります。
複製した[レイヤー0のコピー]をレイヤーパネルの[レイヤーの描画モードを設定]で[通常]から[オーバーレイ]に変更します 01 、 02 。

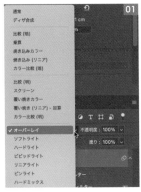

レイヤーの[描画モードを設定]で[通常]から[オーバーレイ]に変更

調整結果

·02·

フレアー効果を与えるために、[メニュー→フィルター→ぼかし→ぼかし（ガウス）]でダイアログを表示し、ぼかし設定を行います 03 、 04 。

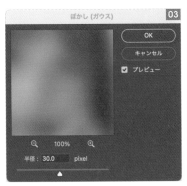

ダイアログの[半径：30pixel]としてぼかし具合を設定する

調整結果

·03·

スマートオブジェクトのスマートフィルターは、レイヤーを複製した場合はそのまま複製され、別調整が行えます。
[レイヤー0]を選択し、[メニュー→イメージ→色調補正→トーンカーブ]もしくはcommand〔Ctrl〕+Mキーでダイアログを表示し、中間トーンを明るめに設定します 05 ～ 07 。

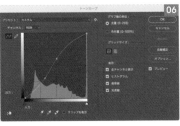

[レイヤー0]を再選択

カーブでコントラストを強めに設定

重ねた効果で黒潰れを起こしていて、服のトーンが見えなくなっているので、[レイヤー0のコピー]を選択して[不透明度]を下げてトーンが見えるように変更します 、。

[レイヤー0のコピー]の[不透明度]を[50%]とする

調整結果

調整結果

別の描画モードで重ね、最終調整を行う

·01·

よりフレアー効果を高めるために[レイヤー0のコピー]から複製を作り 、[レイヤーの描画モードを設定]を[スクリーン]とします 、。

[レイヤーの描画モードを設定]で[オーバーレイ]から[スクリーン]に変更

[レイヤー0のコピー]を複製した結果

描画モードを[スクリーン]にした結果

Chapter 3

さらに、[トーンカーブ]で中間トーンを暗めに設定します 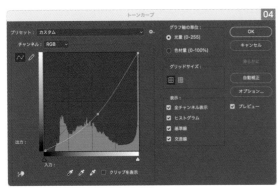 04 、 05 。

[トーンカーブ]で暗めに調整

調整結果

·03·

全体のバランスを見て各レイヤーのスマートフィルターや[不透明度]を再設定してから[メニュー→レイヤー→画像を統合]で統合します。
[メニュー→フィルター→Camera Rawフィルター]でダイアログを表示し、[ヒストグラム]両端の[クリッピング警告]をアクティブにして、[ハイライト]と[黒レベル]でヒストグラム両端を確認して調整します 06 〜 08 。

[Camera Rawフィルター]ダイアログを表示し、ヒストグラムの[クリッピング警告]をアクティブにする

警告が消えるように[ハイライト]で調整し、アンダー側の山を詰めるように[黒レベル]で調整

調整結果

ケーススタディ❸
商品写真のレタッチ

Chapter4

画面のはめ込みと映り込みを作成する

After

PCやスマホなどの画面は同時撮影をすることは可能ですが、環境光とのバランスやライティングなどの影響で、あとからはめ込んだほうがよい場合があります。また、モックでは画面が出なかったりモニター表面の加工が異なっている場合があり、画面表示をさせない場合でも光沢感を演出しなければならない場合もあります。

Before

プロはこう考える

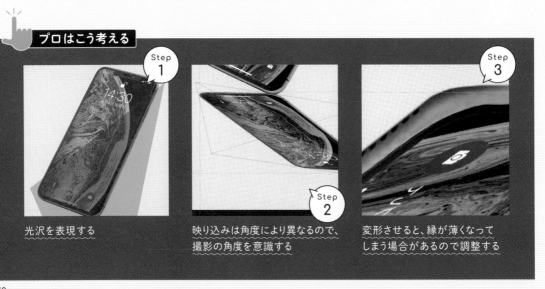

Step 1
光沢を表現する

Step 2
映り込みは角度により異なるので、撮影の角度を意識する

Step 3
変形させると、縁が薄くなってしまう場合があるので調整する

画像の切り抜き

01 選択範囲を作成する場合、[自動選択ツール]やツールオプションの[被写体を選択]で自動選択することが可能ですが、背景との濃度差やカラーの差がない場合、ピクセルの歯抜けなどを起こしてしまう場合があります。物の切り抜きなどは[ペンツール]のパスを使用しましょう。

スマホを切り抜きます。ツールバーから[ペンツール]を選択し、ツールオプションのプルダウンから[パス]を選択し 01 、アンカーポイントをスマホ周囲に沿って配置していきます。カーブしている部分はRの頂点あたりに配置してからドラッグしたまま移動させることで合わせることができ、option〔Alt〕キーやcommand〔Ctrl〕キーで追加や修正などが行えます 02 。

配置が完了したら、ツールオプションの[作成：選択]でダイアログを表示して、[境界]の[ぼかしの半径：0.2pixel]として選択範囲を作成し 03 、コピー&ペーストで[レイヤー1]を作成します 04 。

ツールオプションから[パス]を」選択

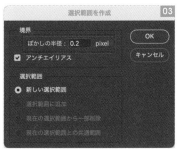

[ぼかしの半径：0.2pixel]とする

パスのアンカーポイントを配置

コピー&ペーストで[レイヤー1]とする
（[背景]を非表示にした状態）

·02·

結果が分かりやすいように[背景]レイヤーを非表示にしておきます。次に[レイヤー1]からスマホの画面部分の選択範囲を、前手順と同様に作成し、deleteキーで消去します 05 、 06 。

画面部分にパスを作成

deleteキーで消去

Chapter 4

171

画面のはめ込み

·01·

画面の画像を画像表示領域にドラッグ＆ドロップで配置します、読み込んだ画像は自由変形のスマートオブジェクトとして配置されるので 02 、右クリック（もしくはcontrol＋クリック）で［自由な形に］を選択し 03 、四隅と四辺のバウンディングボックスを移動させて画面の形状に合わせます 04 、 05 。

画面画像をドラッグ＆ドロップで配置

自由変形のスマートオブジェクトとして配置される

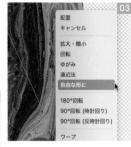
［自由な形に］を選択

アンカーポイントで形状に合わせる

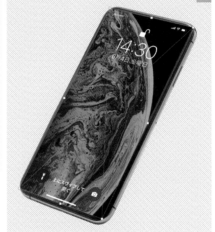
隙間が出ないようにする

·02·

レイヤーパネルのスマホ画面画像のレイヤーを［レイヤー1］の下に配置します。右クリック（もしくはcontrol＋クリック）で［レイヤーをラスタライズ］を選択して通常レイヤーに変更します 06 。
［消しゴムツール］ではみ出した部分を消去します 07 。

［レイヤーをラスタライズ］で通常レイヤーにする

はみ出した部分を消去

光沢の演出

·01·

画面のレイヤーを複製して、レイ
ヤーパネルの[ロック]の[透明ピ
クセルをロック]をアクティブにし
ます 01。
[メニュー→編集→塗りつぶし]で
ダイアログを表示し、[内容：ホワ
イト]で塗りつぶします 02、03。

[透明ピクセルをロック]をアクティブに

[塗りつぶし]をホワイトに設定

調整結果

·02·

レイヤーパネルで[不透明度：
23%]として画面のコントラストが
浅く見えるように調整します 04、
05。
[多角性選択ツール]で光沢に設
定したい部分以外に選択範囲を
設定し 06、deleteキーで消去し
ます 07。

[不透明度：23%]とする

調整結果

光沢反射面以外を選択
（分かりやすいように
クイックマスクにして
ある）

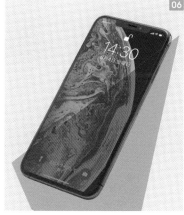

deleteキーで消去

Chapter 4

映り込みの作成

·01·

背景以外のレイヤーを選択して、右クリック（もしくはcontrol＋クリック）で［レイヤーを結合］を選択します 。

結合させたレイヤーをスマートオブジェクトに変換し、command〔Ctrl〕＋Tキーで［自由変形］とします 。

背景以外をshiftキーを
押しながら選択して結合

自由変形
にする

·02·

映り込みが下に入ることを想定した位置に縮小回転して配置します 。映り込みを作るためにレイヤーを複製して［メニュー→編集→変形→垂直方向に反転］で反転させます 。

変形後に使用するために、側面のパーツをパスで囲んで選択範囲を作成し 、コピー＆ペーストで［レイヤー2］にします

目安用のガイドをスケールから配置し 、［レイヤー1のコピー］を選択します。command〔Ctrl〕＋Tキーで［自由変形］にし、右クリック（もしくはcontrol＋クリック）で［自由な形に］を選択して映り込み位置に移動させて変形させ、天地にもガイドを配置します ～09。

縮小して回転させて配置

垂直方向に反転した結果

側面をパスで選択範囲を作成

ガイドを作成

自由変形で移動させて、
［自由な形に］を選択

映り込みの
形状に変形

映り込みの
天地にも目
安となるガイ
ドを配置す
る（図はガイ
ドを強調した
状態）

03 映り込み用の[レイヤー1のコピー]を水平のガイドに合うように回転してから、パーツ用に作成した[レイヤー2]の複製を作ります **10**。[自由変形]で重ね合わせて一度enterキーで確定してから、再度[自由変形]にして、左中央のハンドルをドラッグして長さを合わせます **11**、**12**。

もう1つのパーツレイヤー[レイヤー2のコピー]は短辺に合わせるので、余分な部分に選択範囲を作成して消去してから先のパーツレイヤー[レイヤー2]の上に移動させ、厚みを合わせるように調整します **13**〜**16**。

パーツ用の[レイヤー2]の複製を作り、[レイヤー2]を選択

[自由変形]で移動させて回転

左中央のハンドルをドラッグして幅を合わせる

パーツ用[レイヤー2のコピー]を選択

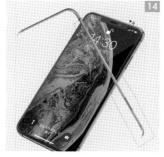

短辺を使用するので長辺側は、選択範囲を作成してdeleteキーで削除

幅を合わせるためにいったん水平に回転して長辺の上に配置

厚みを合わせる

·04·

[レイヤー2のコピー]を非表示にして[レイヤー2]の短辺部分を消去し（**17** **18**）、曲線にかかる部分に[長方形選択ツール]で選択範囲を作成します **19**。[自由変形]にしてツールオプションの[自由変形モードとワープモードの切り替え]で[ワープモード]として、曲線を合わせます **20**〜**22**。

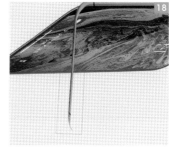

不要部分を削除

曲線部分周辺に選択範囲を作成

[自由変形]にする

ワープモード

接地面は移動させないように変形

05 ［レイヤー2のコピー］を再度表示して、底辺に合わせてワープモードで曲線部分を調整します 。

さらに目安になる部分（この画像の場合、黒のライン）まで［消しゴムツール］で消去してから、パーツ用レイヤーを結合させます 24 、 25 。

［自由変形］で移動させて、［ワープモード］で変形

不要部分を消去

パーツのレイヤーを結合させる

06 画像からはみ出す部分を［消しゴムツール］で消去します 26 、 27 。レイヤーパネルの［ロック］の［透明ピクセルをロック］をアクティブにしてから 28 、［コピースタンプツール］で重なった部分のズレを修復します 29 、 30 。

映り込み用の［レイヤー1のコピー］と［レイヤー2］を選択して統合し（ 31 32 ）、ガイドに合わせて［自由変形］で回転して、 09 （174ページ）の角度に戻します 33 。

はみ出た部分を消去

はみ出た部分を消去

透明ピクセルをロック

重ねてズレたエッジ

［コピースタンプツール］で修整

映り込み用レイヤーを結合

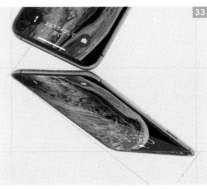

調整結果

ガイドに合わせて配置

背景の作成

·01·

[背景] を表示して選択し 01、
ツールバーの [グラデーション
ツール] を選択し、ツールオプショ
ンの [クリックでグラデーションを
編集] をクリックしてダイアログを
表示させます 02。
カラーバーの下にある [カラー分
岐点] をクリックして [カラーピッ
カー] を表示して、カラー設定を行
います。カラー分岐点はカーソル
が [指] のアイコンになる場所でク
リックすることで追加ができます
03。

[背景] を表示して選択

ツールオプションの [クリックでグラ
デーションを編集] をクリックする

ここでは中央に [カラー分岐点] を追加し、[R92／
G163／B251] → [R220／G235／B249] → [R92／
G163／B251] のグラデーションを設定

·02·

中間の白いトーンが中央になるように画像
表示領域内でグラデーションを配置します
04。
カラーを変更する場合は、[メニュー→イ
メージ→色調補正→色相・彩度]、もしくは
command〔Ctrl〕+Uキーで [色相・彩度]
ダイアログを表示させて調整します 05、
06。

グラデーションを配置

調整結果

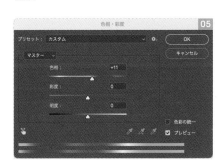

ライトの丸みの作成と映りの濃度調整

・01・

［楕円形選択ツール］を選択し、ガイドをセンターに配置します 01 。クロスしている中心にカーソルを合わせ、option〔Alt〕キーを押しながら楕円を中央から広げて配置します 02 。

ツールオプションの［選択とマスク］をクリックしてダイアログを表示して、［グローバル調整］の［ぼかし］を設定して適用します 03 ～ 05 。

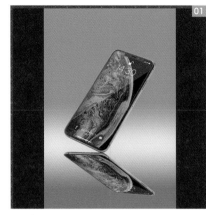
ガイドをセンターに配置

カーソルをセンターに合わせ、option〔Alt〕キーを押しながら楕円の選択範囲を作成

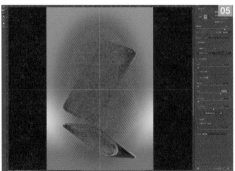
ぼかし具合を確認

・02・

［メニュー→選択範囲→選択範囲を反転］で反転させて、コピー＆ペーストで［レイヤー3］とし、command〔Ctrl〕+Mキーで［トーンカーブ］のダイアログを表示してアンダー側に調整します 06 、07 。

［レイヤー2］を選択し、［レイヤーの描画モードを設定］を［通常］から［オーバーレイ］に変更し、［不透明度：20％］と設定します 08 、09 。

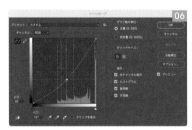
トーンカーブでアンダー側に調整

調整結果

描画モードを［オーバーレイ］、［不透明度：20％］と設定

02

野菜を修整する

After

野菜や果物は厳選しても、傷や色の変化
などが目立ってしまう場合があります。ま
た、葉物は切り抜きが困難で、間の抜け
ている部分などにも気をつける必要があ
ります。できるだけ違和感がでないよう
に修整と切り抜き処理を行いましょう。

Before

👆 プロはこう考える

Step 1
切り抜きをしやすいような
設定にする

Step 2
補修はできるだけ丁寧に行う

Step 3
背景とのバランスを見ながら
調整する

野菜の切り抜き（1）

01 葉物の切り抜きは複雑な形状をしているため、[選択とマスク]を使用します。[選択とマスク]はツールバーの選択系ツールのツールオプションに配置されていて、どのツールからでも同様のダイアログが表示されます。

境界をできるだけ明確にするために、[背景]を右クリック（もしくはcontrol＋クリック）でメニューを表示して[スマートオブジェクトに変換]で変換し **01**、[メニュー→イメージ→色調補正→トーンカーブ]もしくはcommand〔Ctrl〕＋Mキーで[トーンカーブ]ダイアログを表示して背景との濃淡差が出るように調整します **02**、**03**。

画像を[スマートオブジェクト]に変換

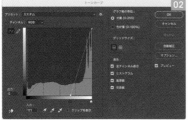

トーンカーブでコントラストをつける

コントラストを強める調整で背景との境界をはっきりさせる

·02·

[自動選択ツール]のツールオプションから[選択とマスク]をクリックしてダイアログを表示します **04**、**05**。ダイアログ左にあるツールバーから[クイック選択ツール]を選択し、背景側にマスクを追加していきます **06**、**07**。

マスクカラーは[カラー]をクリックしてカラーピッカーを表示させて、野菜と被らない色で調整しましょう **08**。

[クイック選択ツール]のサイズを設定

マスクカラーを設定

ドラッグでの移動やクリックでマスクを配置

03 大まかにマスクを配置したら、拡大表示してブラシサイズを変更して細かな部分や葉の間などを調整します 09 、10 。
マスクの［不透明度］を変更してはみ出した部分を確認し、ブラシを［−］としてブラシサイズを変更して消去します 11 ～ 13 。［自動選択ツール］は近似値を自動で選択するため、細かな部分は［ブラシツール］に変更して調整します 14 。
マスクを配置したら、［グローバル調整］の［コントラスト］や［エッジをシフト］で境界の調整を行い［出力先］を［選択範囲］として適用します 15 、16 。

サイズを変更

抜けている部分はブラシサイズを変更して配置する

ブラシを［−］に変更

マスクがかかってしまった部分

細かな部分は［ブラシツール］で配置する

修整結果

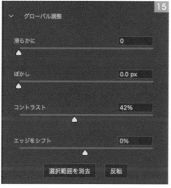

グローバル調整］の［コントラスト］や［エッジをシフト］で境界の調整を行う

背景部分にマスクを配置

野菜の切り抜き（2）

·01·

［出力先］を［選択範囲］として適用すると、マスク部分が選択範囲になるので［選択範囲を反転］で反転させて野菜側の選択範囲にします。ツールバー下の［クイックマスクモードで編集］をアクティブにします 01 、02 。

［クイックマスクモードで編集］をダブルクリックして表示されるオプションで［選択範囲に色を付ける］となっている状態

02
[クイックマスクモードで編集]をダブルクリックして表示されるオプションで[選択範囲に色を付ける]となっているので、画像を拡大表示し、[消しゴムツール]でマスクの追加、[ブラシツール]で削除を行います（描画色が白の場合） 〜 。

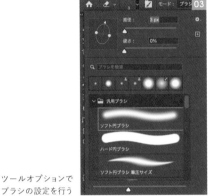

ツールオプションで
ブラシの設定を行う

選択漏れの部分

[消しゴムツール]
で追加した状態

03
[クイックマスクモード]を解除して、レイヤーパネル内スマートフィルターの[トーンカーブ]を非表示にして 、コピー＆ペーストで[レイヤー1]とし 、[スマートオブジェクト]に変換します 。この段階で[レイヤー0]は消去してもかまいませんが、選択範囲のもれなどがあった時用に残しておきます。

[トーンカーブ]を非表示にする

コピー＆ペーストする

[レイヤー1]をスマートオブジェクトに変換

傷などの修整（1）

01
[メニュー→フィルター→Camera Rawフィルター]でダイアログを表示し、右側のツールバーから[スポット修正]を選択し 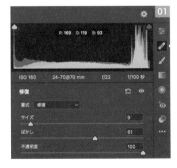、ブラシで傷などを修整します 02 〜 05 。
細かな傷やゴミなどはブラシを合わせてクリックし、形状のある部分はブラシをドラッグしながら形状に合わせます。ソースは自動で採取されるので、変更する場合はドラッグして移動させます。

調整前（左）
［スポット修正］で調整中（右）

調整前（左）
調整後（右）

·02·

［Camera Rawフィルター］を適用
し、ツールバーの［ペンツール］を
選択します。

ツールオプションのプルダウンか
ら［パス］を選択し 06 、右側の玉
ねぎの皮が浮いている部分にパ
スを配置します 07 。

ツールバーの［作成：選択］をク
リックして［境界］で［ぼかしの半
径：0.2pixel］として選択範囲を作
成し 08 、コピー＆ペーストで［レ
イヤー2］とします 09 。

ツールオプションから
［パス］を選択

浮いた皮を
選択

コピー＆ペーストでレイヤーを
作成

［作成：選択］で［ぼかしの半径：0.2pixel］
と設定

［メニュー→編集→自由変形］、も
しくはcommand〔Ctrl〕+Tキーで
［自由変形］にします。浮いてい
る部分を移動し 10 、ツールオプ
ション右にある［自由変形モード
とワープモードの切り替え］をア
クティブにして 11 、玉ねぎのライ
ンに合わせて変形して適用します
12 。

選択部分を移動

ワープモードで変形

·03·

重なりの部分以外を大まかに［消しゴムツール］で消去し  、［多角形選択ツール］でエッジ部分付近に選択範囲を作成します 14 。［選択とマスク］の［グローバル調整］で［ぼかし:18.5px］と設定して適用し（ 15 16 ）、［トーンカーブ］でアンダー側に設定します 17 、 18 。

浮いて影ができている
部分以外を消去

重なった部分に選択範囲を作成

ツールオプションの［選択とマスク］をクリックし、［グローバル調整］の［ぼかし:18.5px］と設定

設定された状態

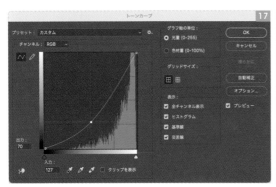

［選択とマスク］を適用し、［トーンカーブ］でアンダー側に調整

調整結果

傷などの修整（2）

·01·

左側の玉ねぎは、はみ出した部分から右の玉ねぎまでとレタスにかけるように選択範囲を作成し 01 、［レイヤー1］からコピー＆ペーストで［レイヤー3］として［ワープモード］で修整します 02 。

［パス］で左側の玉ねぎの浮いた部分にレタスを含めて選択範囲を作成

［メニュー→編集→自由変形］を実行し、183ページと同様にワープモードで変形

·02·

ラディッシュは、中央の茎が折れている部分を隠すために   の位置に、表に出ている茎と葉に[パス]を使用して選択範囲を作成し、[レイヤー1]からコピー&ペーストで[レイヤー4]とします。

ハイライトの方向を合わせるために[メニュー→編集→変形→水平方向に反転]で反転させ、[自由変形]で移動させてから縮小し、[ワープモード]で茎の方向などを合わせます。

茎の折れた部分

ラディッシュの茎から葉に選択範囲を作成

[自由変形]で反転・移動させ、縮小する

[ワープモード]に切り替えて変形

·03·

茎の元の部分を[消しゴムツール]で消去してから（07 08 ）、レイヤーパネルの[レイヤー1]から[レイヤー4]までの4つのレイヤーをshiftキーを押しながら選択して、右クリック（もしくはcontrol+クリック）のメニューから[レイヤーを結合]で結合させます。

この場合、[レイヤー1]のスマートオブジェクトはラスタライズされ、最上位のレイヤー名が付くため[レイヤー2]となります。

拡大表示した茎の状態

[消しゴムツール]で消去

結合されたレイヤー

調整結果

ケーススタディ③ 商品写真のレタッチ

Chapter 4

背景の作成

·01·

背景用画像を画像表示領域に
ドラッグ＆ドロップで配置します
01。この場合、レイヤーは［ス
マートオブジェクト］状態で配置さ
れるので、レイヤーパネルの［レ
イヤー2］の下に移動させてから
（02 03）、野菜とのバランスを
確認して拡大して上に移動させま
す 04。

レイヤーを移動させる

ドラッグ＆ドロップされた画像はスマートオブジェクト
状態の自由変形で配置される

調整結果

野菜画像に合わせて背景用画像を移動

·02·

［Camera Rawフィルター］のダイ
アログを表示して、コントラストが
強めになるように調整します 05、
06。調整によって明るくなりすぎ
た空や輝度を与えたいグリーンに
対して、［カラーミキサー］の［輝
度］を使用して、調整します。
［色調補正］の右にある［輝度ター
ゲット調整ツール］をアクティブに
して 07、画像表示領域内の調整
したいカラーに合わせて、ドラッ
グしながら上下もしくは左右に移
動させることで、適用される色要
素のスライダーが移動して調整さ
れます 08、09。

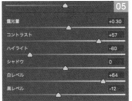

明るめで、コントラストを強めに
調整

調整結果（［レイヤー2］はいったん非表示にする）

輝度ターゲット調整
ツール

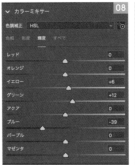

［カラーミキサー］の［輝度］で空
のトーンとグリーンを明るめにす
るように調整

画像内でドラッグしながら移動で調整

03 調整がいったん終了したら、ヒストグラムの両端にある[クリッピング警告]をアクティブにし、飽和部分を確認します  。この画像の場合、ハイライト側の飽和が目立ち、シャドウ側は奥の森の中に多少見られる程度なので、[ハイライト]と[白レベル]を再調整し、[シャドウ]をプラス側に調整します  。[基本補正]で補正しきれないハイライトは、[補正ブラシ]の[露光量]をマイナス側に設定して飽和している部分にブラシを配置して、適用します  ～  。

クリッピング警告で飽和部分を確認

飽和が少なくなるように再調整

[補正ブラシ]で[露光量]を
アンダー側に設定

飽和部分にブラシを配置

調整結果

·04·

背景用レイヤーをラスタライズで通常レイヤーに変更して  、[長方形選択ツール]で下3分の1位に選択範囲を作成します  。
[メニュー→編集→コンテンツに応じて拡大・縮小]を選択して、下中央のハンドルを下に移動させます  。

[長方形選択ツール]で
選択範囲を画像下側に
設定

[レイヤーをラスタライズ]で
通常レイヤーにする

[コンテンツに応じて拡大・縮小]で下中央のハンドルを下に移動させる

野菜画像の調整

·01·

[レイヤー2]を表示し 、拡大表示して背景との境界を確認します 。元の背景の白が残っている場合は、[自動選択ツール]で透明ピクセル側に選択範囲を作成し 、[メニュー→選択範囲→選択範囲を変更→境界をぼかす]で[ぼかし半径：1pixel]として適用し 、白い部分が消えるまでdeleteキーを複数回押して消去します 。

[レイヤー2]を選択

拡大表示でエッジを確認

[自動選択ツール]で透明部分を選択

白い部分が見えなくなるまでdeleteキーで複数回消去

[ぼかしの半径：1pixel]として適用

·02·

[自由変形]で全体のバランスを見ながら大きさを変更します 。テーブルの切れている辺りに[長方形選択ツール]で選択範囲を作成し 、ワープモードに切り替えて右側の接地面は移動させないように、板のラインに合わせて伸長させ、[○]もしくはenterキーで適用します 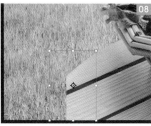～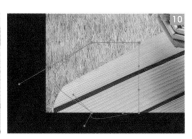。

ワープモード状態

バランスを見て再配置

テーブルの切れている部分に選択範囲を作成

自由変形からワープモードに切り替え

ラインの延長上に伸長させる

03
テーブルの形を整えます。画像表示を縮小表示にして、ツールバーから［楕円形選択ツール］を選択し、テーブルに合わせて大まかに楕円を配置します。［メニュー→選択範囲→選択範囲を変形］としてshiftキーを押しながら変形させてテーブルに合わせ、enterキーで確定させます **11**。

［多角形選択ツール］を選択して、ツールオプションの［選択範囲に追加］アイコンをアクティブにするか、shiftキーを押しながら野菜周辺に選択範囲を追加します **12**。［メニュー→選択範囲→選択範囲を反転］で反転させて、deleteキーで消去します **13**。

テーブルに合わせて［楕円形選択ツール］で選択範囲を作成し、変形

［多角形選択ツール］でshiftキーを押しながら野菜周辺に選択範囲を追加

選択範囲を反転させdeleteキーで消去

·04·

背景画像のトーンと揃えるために、［Camera Rawフィルター］のダイアログを表示させて、［露光量］で明るめに調整し、［ハイライト］と［シャドウ］で濃淡差をなくす(HDR)補正を行います **14** 〜 **16**。

背景に合わせて［Camera Rawフィルター］で調整

調整結果

［Camera Rawフィルター］を適用

05 テーブル右下のハイライトを修整するために **17**、テーブル左側から素材となる部分に選択範囲を作成します **18**。コピー＆ペーストでレイヤーとし、右下に移動させて、自由変形で修整部分を覆うように拡大させ、配置します **19**。

修整用レイヤーを非表示にして、修整部分に選択範囲を作成し **20**、選択範囲を反転させます **21**。修整用レイヤーを表示してdeleteキーではみ出した部分を削除し、レイヤーパネルの［塗り］もしくは［不透明度］で濃度調整をします **22**、**23**。

テーブルの右下の部分

テーブル左側に選択範囲を作成してコピー＆ペースト

［自由変形］で移動させて拡大する

レイヤーを非表示にして明るい部分に選択範囲を作成

deleteキーで消去して［塗り］
で調整

選択範囲を反転

調整結果

背景をぼかす

・01・

野菜を目立たせるために、背景をぼかします。ボケ具合はレンズの画角や絞り値によって異なり、この画像の場合あまり背景をぼかしすぎると違和感が生じてしまいます。
背景用レイヤーのコピーを作成し、レイヤーパネル下の［レイヤーマスクを追加］でマスクを追加します **01**。

背景用レイヤーを複製し、
レイヤーマスクを追加

·02·

ツールバーから［グラデーションツール］を選択し、ツールオプションのグラデーション部分（クリックでグラデーションを編集）をクリックして、［グラデーションエディター］を表示します  02 。図のような透明から黒になるグラデーションを設定しましょう。

透明のトーンがない場合は、上にある［不透明度］の［分岐点］をクリックして［終了点］の［不透明度］で調整してください。分岐点は設定したい位置にクリックで追加、ドラッグして上下どちらかに移動させることで削除できます。

グラデーションを編集して透明から黒を作成

·03·

グラデーションを設定したら、画像表示領域内の上から下に（透明から黒に）グラデーションを配置します 03 、 04 。

画像レイヤーに切り替えて［メニュー→フィルター→ぼかし→ぼかし（ガウス）］でダイアログを表示してぼかし設定を行います 05 、 06 。

画像の上から3分の1くらいから下に向けてグラデーションを配置

マスクにグラデーションが配置される

画像レイヤーを選択

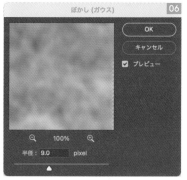

ぼかしの設定をする

03 カラーバリエーションを作成する

After

Before

カラーバリエーションは、カラーを変更したい部分と変更したくない部分の色の差が大きければ容易に作成できます。また、変更する部分がグレースケールカラーの場合、マスクやパスなどを使用して色をのせてからの調整となるため、ベースとなる画像は、色要素のあるものを選びましょう。

プロはこう考える

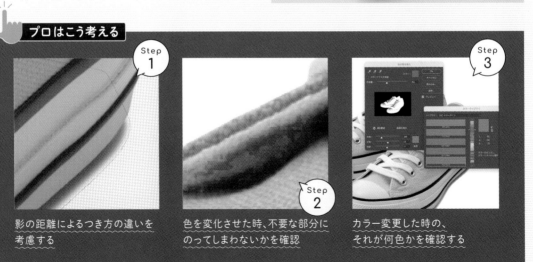

Step 1
影の距離によるつき方の違いを考慮する

Step 2
色を変化させた時、不要な部分にのってしまわないかを確認

Step 3
カラー変更した時の、それが何色かを確認する

画像の切り抜き

·01·

画像を表示したら、ツールバーの[修復ブラシツール]を選択し、被写体の上にあるゴミなどを修復します。ソースをoption〔Alt〕キーを押しながら採取し、ゴミなどに合わせてクリックして修復しします。髪の毛のようなものはドラッグしながら移動させることで、ソースも同時に移動します 、。ただし、クリックでのソースは最初に採取された位置となるので、同時に移動させたい場合は、ツールオプションの[調整あり]にチェックを入れます。

ソースをoption〔Alt〕キーを押しながら採取し、修復部分にブラシで配置する

修復結果

[修復ブラシツール]を選択

02

選択範囲の作成は[自動選択ツール]のツールオプション右にある[被写体を選択]で行えますが、画像の状態によっては選択しきれない部分が出てしまいます 。

選択範囲をクイックマスクモードにして、抜けを確認しながら調整するか、パスでの調整となります。ここでは正確さを考慮して、ツールバーから[ペンツール]を選択し、ツールオプションのプルダウンから[パス]を選択し 、パスを配置します 。

パスは、パスパネルの[作業用パス]をダブルクリックして、名前を付けて保存することができます 、。また、パネルオプションの[作業用パスを作成]で選択範囲からパスを作成することもできます。

[被写体を選択]で調整した場合、抜けができる可能性がある

パスを配置

パスパネルの状態

作業用パスをダブルクリックして、名前を付けて保存できる

·03·

ツールオプションの［選択］、もしくはパネルオプションの［選択範囲を作成］でダイアログを表示して、［境界］で［ぼかしの半径：0.2pixel］と設定し、選択範囲を作成します 。
さらに、コピー＆ペーストで［レイヤー1］とします 。

パネルオプションの［選択範囲を作成］でダイアログを表示

コピー＆ペーストで［レイヤー1］を作成

影の作成

·01·

影になっている部分にパスで選択範囲を作成し 01 、［背景］をコピー＆ペーストして［レイヤー2］として 02 、透明部分に［自動選択ツール］で選択範囲を作成します。［メニュー→選択範囲→選択範囲を変更→境界をぼかす］でダイアログを表示して、［ぼかしの半径：5pixel］で境界をぼかします 03 。deleteキーでエッジが見えなくなるように複数回消去します 04 、05 。この調整は、パスから選択範囲を作成する段階でぼかしの半径を設定してから、選択範囲を反転させて行うこともできます。

影部分にパスを配置

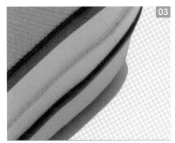

調整前（［背景］は非表示にする）

deleteキーでエッジが見えなくなるまで複数回消去

·02·

選択範囲を残したまま、ツールオプションの［選択とマスク］をクリックしてダイアログを表示させ、［グローバル調整］で［ぼかし：26.0px］とします 06 ～ 08 。

画像表示のマスクを確認しながら、［ぼかし：26.0px］と設定

設定した状態（［示す内容：選択範囲］）

[ブラシツール]を選択し、ツールオプションの[現在の選択範囲から一部削除]([−]のアイコン)で、接地面に近い影部分の選択範囲を広げるように調整して、適用後deleteキーで複数回消去します  〜  。

ブラシツールの[−]
を選択

影の幅を変更したくない部分を
範囲から除外して適用

deleteキーで消去して、つま先の影もぼけた状態にする

全体の調整

01

切り抜いた画像は、最終的に配置される背景のカラーや濃度によって印象が変わります。色被りなど、背景との一体感を出す必要はありませんが、白背景と黒背景では明るさの印象が変わるため、背景に合わせた調整を行う必要があります。

ここでは白背景を前提として調整するため、レイヤーパネルの[背景]を選択し  、[メニュー→編集→塗りつぶし]で、[内容:ホワイト]と設定して塗りつぶします  、  。

背景を白で
塗りつぶす

調整結果

·02·

レイヤーパネルの[レイヤー1]を選択し、右クリック(もしくはcontrol+クリック)でメニューを表示して、[スマートオブジェクトに変換]で変換します。
[メニュー→フィルター→Camera Rawフィルター]でダイアログを表示して、ヒストグラムを確認しながら[基本補正]パラメーターで調整します  、  。
スマートオブジェクトにしておくことで、いったん適用したあとでもレイヤーパネルのスマートフィルターの項目をダブルクリックすれば設定を再調整できます  。

調整結果

ヒストグラム両端に山の端がかかるように調整

カラー調整の準備

01 特定の色域のカラー変更を行えるモジュールはPhtoshop内にいくつかあり、状態に応じて適したものを使用しますが、色の反射などにより変更しなくてよい部分まで変更領域に入ってしまう場合があります。
［メニュー→イメージ→色調補正→色相・彩度］で

ダイアログを表示させ、左下にある［指］ツールをアクティブにし、スポイトになったカーソルを画像表示領域内の変更したいカラーに合わせてクリックします 。［色相］と［彩度］を極端に調整して大きくカラーを変更し 、変更されていない部分を［スポイト+］で追加し、適用します 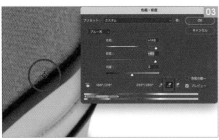、。

［指］をアクティブにしてスポイトでカラーをクリック

［色相］と［彩度］を極端に調整

［スポイト+］で追加

調整結果

·02·

スマートフィルターの［色相・彩度］を［Camera Rawフィルター］の下に配置して、［Camera Rawフィルター］をダブルクリックで再表示します。
拡大表示で色が不要に変更されている部分を確認し 、ツールバーから［補正ブラシ］を選択して［部分補正］の［彩度：−100］としてブラシで塗りつぶしていきます 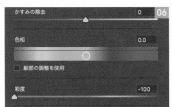〜 。塗りつぶした部分の周辺に色要素があり、見た目に差が出てしまう場合には、新規ブラシで塗りつぶしたあとで、［色相］と［彩度］で周辺に合うように調整します。

不要なカラーがのった状態

［Camera Rawフィルター］を再表示し、［補正ブラシ］の［基本補正］の［彩度：−100］と設定

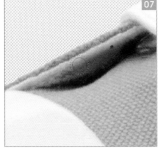

ブラシでカラーの彩度を落とす

彩度を落とした部分をマスク表示したもの

03 ここでのカラー調整は、色の変化を見るためのもので、このあと、別モジュールでの調整を行いますが、このカラーを使用したい場合は、ヒストグラムを確認して色飽和しているカラーを[カラーミキサー]の[彩度]で調整します **09** 〜 **11**。
ただし、このヒストグラムはRGBカラーの色空間に対してのもので、印刷用CMYKの色空間より広い範囲での設定となります。最終出力が印刷の場合は、色が大きく変わらないように、適用後に情報パネルのCMYKに[!]が付くか確認しましょう **12**（[!]が付いている場合はCMYKにすると色の変化が大きくなります）。[メニュー→表示→色の校正]またはcommand〔Ctrl〕+Yキーでも色の変化を確認できます **13**。

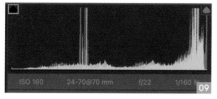

ヒストグラムのハイライト側にR系の色飽和が起きている

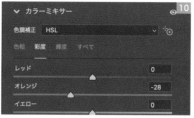

右の[編集]ツールを選択し、[カラーミキサー]の[彩度]で調整して色飽和をなくす

調整結果

[メニュー→ウィンドウ→情報]で情報パネルを表示しておくと、カーソルを合わせることで色情報を確認できる

[色の校正]でCMYKカラーでの表示が確認できる

カラーの変更

·01·

[レイヤー1]のスマートフィルター内の[色相・彩度]を非表示にして **01**、右クリックでメニューを表示して[レイヤーをラスタライズ]を選択して通常レイヤーに変更し **02**、[メニュー→イメージ→色調補正→色の置き換え]でダイアログを開きます **03**。

[色相・彩度]を非表示にする

レイヤーをラスタライズする

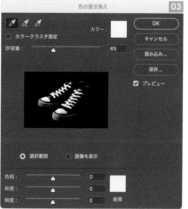

[色の置き換え]ダイアログ

カーソルを画像表示領域内の変更するカラーに合わせてクリックすると 04 、ダイアログ内のカラーに反映されるので、[色相][彩度][明度]スライダーで変更したい色に設定します 05 。変更されない部分に[スポイト+]で細かな部分まで追加していきます 06 〜 08 。

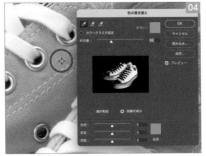

カーソルでカラーを採取

[色相]で調整カラーを設定

全体に調整しきれていない状態

[スポイト+]や[許容量]の設定でカラーを追加する

調整結果

·02·

設定したカラーをクリックすると[カラーピッカー]が表示され、カラー情報を確認することができます 09 、10 。
[カラーライブラリ]をクリックすることでカラーチャートサンプルの何番に当たるかが確認できます 11 。
また、指定色が決定している場合は、ライブラリから指定色を設定することでそのカラーで配置することもできます 12 〜 15 。

[結果]のカラー部分をクリック

カラーピッカーが表示され、色の数値確認が行える

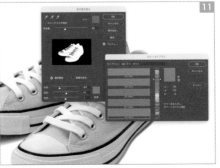

[カラーライブラリ]をクリックでカラーチャートサンプルが表示される

DIC2224sと指定されている場合

ニュートラルグレーは8bit表示のRGBが128平均で中間濃度設定になる

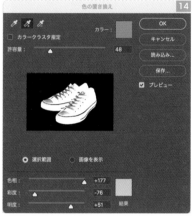

白はベージュ系に転ばせる

カラーバリエーション白の調整結果

03 複数のバリエーションを作成する場合は、レイヤーのコピーを作成して各々カラー変更します 16 。
同一の大きさに変更する場合は、レイヤーパネル内でshiftキーを押しながら、変更するレイヤーを選択しておき、[自由変形]（command〔Ctrl〕+Tキー）で大きさを変更して配置します 17 。

レイヤーパネルの状態

カラーサンプルを配置した状態
（カラーバリエーションで白や黒を作成した場合は、それ以上の色の置き換えが困難になるため、白や黒は最後に作るとよい）

Chapter 4

04

透過物を合成する

After

Before

グラスやペットボトルなどのような透過物は、内側の抜けの作成と、反射の映り込みを作成する必要があります。また、中に液体を入れた状態にする場合は、レンズ効果による反転などに注意しながら作業しましょう。

プロはこう考える

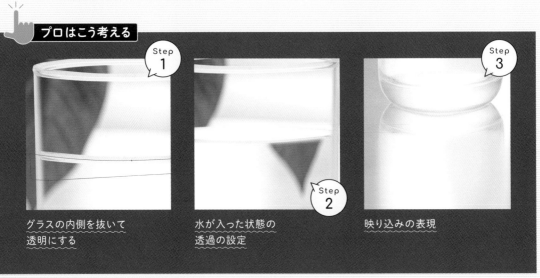

Step 1
グラスの内側を抜いて
透明にする

Step 2
水が入った状態の
透過の設定

Step 3
映り込みの表現

グラス画像の切り抜き

01 グラスの画像を開き、ツールバーから［ペンツール］を選択し、ツールオプションで［パス］を選択します **01**。ベジェ曲線をアンカーポイントをグラス周辺に配置し **02**、ツールオプションの［作成：

選択］をクリックし、［ぼかしの半径：0.2pixel］として選択範囲を作成します。
コピー＆ペーストで［レイヤー1］を作成し、［背景］を削除して保存します **03** 〜 **05**。

ツールオプションの
プルダウンから［パ
ス］を選択

グラス周辺にパスを配置

［背景］を消去した状態で保存する

透過するグラスの作成

·01·

切り抜いたグラス画像の背景の透過を作成するために、背景用画像を開き、前項で作成した画像（89Q0176）をドラッグ＆ドロップします **01**。
配置されたレイヤーはスマートオブジェクトの自由変形となるので、バウンディングボックスを移動させて、画像に合わせたグラスの大きさに調整します **02**。

背景用画像を開き、グラスのファイル　　想定されるグラスの大きさに変形
をドラッグ＆ドロップする

·02·

［ペンツール］の［パス］を選択し、グラスの縁の外側と内側にパスを配置します **03**。この状態でパスから選択範囲を作成すると、先に配置したパスが有効とならないので、パスパネルの［作業用パス］をダブルクリックして［パス1］として保存します **04**。

パスパネルの［作業用パス］をダブル
クリックしてパスを保存する

グラスの縁にパスを配置

·03·

配置した全てのパスがアクティブになるので 、ツールオプションの[パスの操作]のプルダウンから[シェイプが重なる領域を中マド]を選択し 、選択範囲を作成します 07、08。コピー&ペーストで[レイヤー1]とします 09。
なお、先に作成したグラス画像を表示させたままレイヤーをドラッグ&ドロップすると、通常レイヤーの[レイヤー1]となりますが、保存したファイルをドラッグ&ドロップするとレイヤーはファイル名で表示されます。

内と外のパスがアクティブになる

ツールオプションの[シェイプが重なる領域を中マド]を選択

パネルメニューから[選択範囲を作成]を選択

[ぼかしの半径:0.2pixel]として適用

コピー&ペーストで[レイヤー1]とする

·04·

グラスレイヤー(89Q0176)を再選択し 、縁以外の部分にパスを配置します 11。ツールオプションの[作成:選択]をクリックし 12、[ぼかしの半径:5]として選択範囲を作成し 13、コピー&ペーストで[レイヤー2]を作成します 14。
コピー&ペーストで位置がずれる場合があるので、[レイヤー1]と[レイヤー2]の位置を[移動ツール]を使用して合わせます 15。

グラスのレイヤーを再選択

グラスの両サイドと底面にパスを配置

ツールオプションの[作成:選択]をクリック

[ぼかしの半径:5pixel]として適用

コピー&ペーストで[レイヤー2]とする

位置を合わせる

グラスに水を入れる

01 グラスに水を入れた状態を作成するために、まず水のラインを作成します。
[メニュー→レイヤー→レイヤーを複製]でグラスの縁レイヤー[レイヤー1]のコピーを作成し、水のラインの位置に移動させます 、。
手前と奥のラインを分けるために、パスで手前のラインに[ぼかしの半径：0.2]として選択範囲を

作成し 、カット＆ペーストで[レイヤー3]とします **04**。
グラスのエッジに表面張力で盛り上がった部分を表現するために、レイヤーの下側半分にパスを配置して[ぼかしの半径：5]として選択範囲を作成し **05**、deleteキーで消去します **06**。

想定される水の位置まで移動させ、手前と奥を分けるためにパスを配置（グラスレイヤーを非表示にした状態）

ぼかしの半径：0.2pixel]として適用

カット＆ペーストで[レイヤー3]として半分に分けるようにパスを配置（コピーレイヤーを非表示にした状態）

[ぼかしの半径：5pixel]として適用

deleteキーで消去

・02・

奥のラインを作成するために、コピーレイヤーを再選択します **07**。
エッジライン以外の部分にパスを配置し **08**、[ぼかしの半径：5]として選択範囲を作成して消去し **09**、レイヤーパネルの[不透明度：70%]とします **10**。

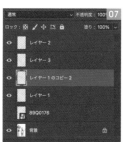
奥のレイヤーを再選択

下半分と不要な部分にパスを配置

deleteキーで消去

レイヤーパネルの[不透明度：70%]とする

·03·

水が入るとレンズ効果によって透過部分が反転するので、レイヤーパネルの［背景］を選択し、グラスの裏にあたる部分に［長方形選択ツール］で選択範囲を作成し 、コピー＆ペーストで［レイヤー4］を作成します 。

［メニュー→編集→変形→水平方向に反転］で反転させ 、［メニュー→編集→自由変形］もしくはcommand〔Ctrl〕+Tキーで［自由変形］として、ツールオプションの［自由変形モードとワープモードを切り替え］をクリックして［ワープモード］にし 、手前の水のラインから下のグラス内に合うように変形させます 。

水の透過部分に合わせて選択範囲を作成
（分かりやすいようにクイックマスクモードにしている）

水平方向に反転した結果

コピー＆ペーストで［レイヤー4］とする

［ワープモード］でグラスに合わせて変形

·04·

水面の反射を作成するために［背景］から反射に当たる部分に選択範囲を作成し 、［レイヤー5］として保存します。

［メニュー→編集→変形→垂直方向に反転］で反転させて水面の位置に移動させます 。

はみ出た部分を消去するために奥のラインのあるコピーレイヤーを選択して、［自動選択ツール］で周辺を選択します。

［多角形選択ツール］を選択してoption〔Alt〕キーを押しながら水面部分にかかった選択範囲を除外します 。

水面用に［背景］に選択範囲を作成
（分かりやすいようにクイックマスクモードにしている）

コピー＆ペーストで［レイヤー5］とし、垂直に反転させて水面位置に移動

周辺を選択して、［多角形選択ツール］でoption〔Alt〕キーを押しながら選択範囲から水面部分を除外する

[メニュー→選択範囲→選択範囲を変更→境界をぼかす]でダイアログを表示させ、エッジが出ないように[ぼかしの半径：2pixel]として 、[レイヤー5]を選択してdeleteキーで削除します 。

[ぼかしの半径：2pixel]としてdelete
キーで削除

調整結果

炭酸の気泡の作成（1）

01
レイヤーパネル[背景]以外のレイヤーをshiftキーを押しながら選択し、パネル下の[新規グループを作成]でグループフォルダーにまとめて非表示にします 。
[背景]を選択し、グラスの透過に使用したものと同様な範囲に[長方形選択ツール]でshiftキーを押しながら正方形の選択範囲を作成し、コピー&ペーストで[レイヤー6]を作成します。

[自由変形]の[ワープモード]で四角のバウンディングボックスを移動させて円形に変形させて、内側を移動させて球体状に変形させます。
[自動選択ツール]で周辺を選択し、ツールオプションの[選択とマスク]をクリックしてダイアログを表示させ、[グローバル調整]の[ぼかし：85.0px]、[エッジをシフト：−100%]として[反転]をクリックして適用します。

グループを非表示にして[背景]を選択

グラスの背景付近に[長方形選択ツール]でshiftキーを押しながら正方形の選択範囲を作成

コピー&ペーストで[レイヤー6]として[ワープモード]で球体に変形して適用

[自動選択ツール]のツールオプションの[選択とマスク]

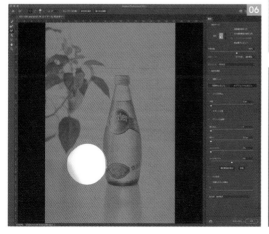

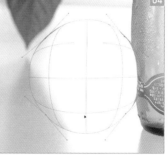

[反転]をクリック

適用後、deleteキーで消去し  09 、選択範囲を解除します。次に［メニュー→編集→変形→180°回転］で回転させます 10 。

調整結果を確認して適用

deleteキーで中心部を消去

気泡は球体なので360度の透過と映りとなり、実際は画像の範囲を超えた部分やグラス、隣り合った別の気泡までが透過の範囲となります。また、ガラスのゆがみなどにより真円に見えない気泡もあります。
ここでは使用サイズなどに合わせた調整を行いますが、より細かく調整する場合はこれらのことを踏まえて調整してください。

調整結果

炭酸の気泡の作成（2）

01 作成した気泡レイヤーをある程度の大きさに縮小し 01 、レイヤーを複製してレイヤーを非表示にします 02 。
画像は縮小したものを拡大すると画質が荒れてしまいます。これを防ぐには［スマートオブジェクト］に変更しますが、グラスに入る気泡の大きさを超えるものは必要がないので、基準となる通常

レイヤーを残しておくことで再調整が可能となります。
グラスのレイヤーグループを表示させ、コピーした気泡のレイヤーを縮小して想定される気泡の最大にし、複製を複数作り、ランダムに配置します 03 。ある程度コピーを作成したら、レイヤーをグループにして、グループの複製を作ります。

［自由変形］で縮小

［レイヤー6］をコピーして非表示にする

グラスグループを表示させて、気泡の想定される最大に変形し、複数のコピーをランダムに配置

·02·

グループを［自由変形］で縮小変形を行い 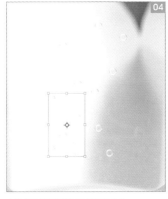、複数のグループを作成して様々な大きさの気泡を作成します 。気泡が揃いすぎて気になる箇所は、グループ内で位置や大きさを変更して調整してください。

グループの1つの気泡を水の境界のラインに合わせて並べ、グループを複製して大きさや配置をランダムにします 、。

大きさなどを変更して移動させる

複数のコピーを配置

水のライン付近に複数の気泡を配置

グループの重なり順を変える

グラス表面の曇りの作成

01

［グループ1］を展開して、グラスのレイヤー（89Q0176）を表示して選択します 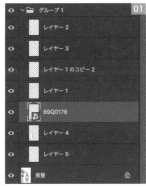。

［メニュー→フィルター→ノイズ→ノイズを加える］のダイアログを表示させ、［量］と［分布方法］を設定して適用します 、。

［メニュー→フィルター→ぼかし→ぼかし（ガウス）］でぼかし処理を行います 。

［ノイズを加える］を適用した結果

グラスグループを展開して、最初に配置したグラスレイヤーを選択

ノイズ量を設定

［半径：1.7pixel］として適用

Chapter 4

207

·02·

レイヤーパネルの[レイヤーの描画モードを設定]で[ソフトライト]を選択します 。この段階でスマートフィルター内のフィルターは再調整が可能となっているので、調子を見て再調整を行い、レイヤーをラスタライズして通常レイヤーにしておきます 。

手前側用にこのグラスレイヤーを複製して非表示にしておき、再度グラスレイヤーを選択します。温度差によるガラス表面の曇りは水が入っている部分に出るので[消しゴムツール]でそれ以外の部分を消去します 07 〜 09 。

描画モードを[ソフトライト]にする

調整結果

ブラシの設定

[消しゴムツール]で奥の水ラインより上と底部分を消去

調整結果

03

手前用にコピーしたレイヤーを表示させてレイヤーパネルの最上位に移動させ、水面部分を含めて消去し 10 、[描画モード:通常]、[不透明度:50%]と設定します 11 。
前面の明度を上げるために、[長方形選択ツール]で選択範囲を作成し 12 、ツールオプションの[選択とマスク]をクリックし 13 、ダイアログを表示します。[グローバル調整]の[ぼかし:38.8px]と設定して適用します 14 、15 。
command〔Ctrl〕+Mキーで[トーンカーブ]ダイアログを表示させ、明るめに調整します 16 、17 。

手前の水のラインの下と底部分を消去

描画モードを[通常]にして「不透明度:50%]とする

中央部分に選択範囲を[長方形選択ツール]で作成

[ぼかし:38.8px]と設定

調整結果を確認
して適用

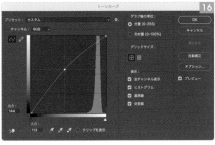

トーンカーブで明るめに調整

調整結果

ボトルの映り込みの作成

01 距離が近いためグラス右側に強く映り込むボトルを作成するために、[背景]を選択します 01。[自動選択ツール]を選択し、ツールオプションの[被写体を選択]をクリックしてボトルに選択範囲を作成します 02、03。コピー&ペーストで[レイヤー7]を作成し、レイヤーパネルの気泡グループの上に配置します 04。

調整結果（分かりやすいようにクイックマスク
モードにしている）

·02·

command〔Ctrl〕+Tキーで［自由
変形］にします。shiftキーを押し
ながら、グラスのサイドに合うよう
に反転させながら縦長に変形させ
ます 05 、06 。
グラスの縁の半分から上にかかっ
た部分に［多角形選択ツール］
で選択範囲を作成し 07 、delete
キーで消去します 08 。

［自由変形］にしてshiftキーを押しながら
反転させる

グラスのサイドに合わせて縦長に変形

グラス縁の半分から上に
［多角形選択ツール］で
選択範囲を作成（分かりや
すいようにクイックマスク
モードにしている）

調整結果

03
グラスの縁にかかった部分にパスで選択範囲を作成
し、［自由変形］の［ワープモード］で縁の形状に合わ
せて変形したあと 09 、［レイヤーの描画モードを設
定］で［オーバーレイ］とします 10 、11 。

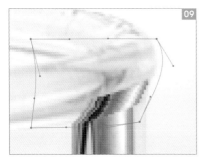

縁の形状に合わせて変形

描画モードを［オーバーレ
イ］に変更

調整結果

天板への映り込みの作成

01 ［背景］以外のレイヤーをshiftキーを押しながら選択し、レイヤーパレット下の［新規グループを作成］アイコンをクリックして［グループ3］を作成します。
右クリック（もしくはcontrol+クリック）でメニューからグループの複製を作成します。［グループ3］を再選択し、［グループを結合］で結合します。

レイヤーを結合させた際、描画モードが部分的に無効になることがあります。描画モードは背面のレイヤーにある画像との合成方法を設定するものですが、結合対象のレイヤーに背面の画像が含まれていない（透明になっている）場合に発生します。この画像の場合、グラスの水が入っていない部分は透明です  01。ここでは無効になった部分は次の操作で画面の範囲外に追い出されることから、そのまま作業を進めます。必要な場合は背面の画像もレイヤーに抜き出して結合するなどしましょう。

透過部分は描画モードに影響が出るので注意が必要

・02・

［メニュー→編集→変形→垂直方向に反転］で反転し 02、映り込みの位置に移動します 03。このレイヤーを複製し、複製元はいったん非表示にします 04。［自由変形］の［ワープモード］で中央を下げるように変形して、グラス底が逆Rになるように調整します 05。
［メニュー→フィルター→ゆがみ］で［ゆがみ］ダイアログを表示し、［前方ワープツール］で両サイドのRを調整します 06 ～ 08。

グラスを反転

想定される映り込み位置に移動

複製を作る（複製元は一時的に非表示）

逆Rになるように変形

メッシュを表示し、ブラシサイズなどを変更

両サイドのRを調整して適用

調整結果

［消しゴムツール］ではみ出した
部分やエッジの境界部分を消去し
ます 09 、10 。この作業が終わっ
たら、非表示にした［グループ3］
レイヤーを表示に戻し、映り込み
のレイヤー同士を結合します。

境界などを消去

消去した部分

03 天板表面の反射率によるボケを、ボトルの映りを
参考にして作成します。
　［楕円形選択ツール］でグラスの底のライン付
近に選択範囲を作成し 11 、ツールオプションの
［選択とマスク］をクリックしてダイアログを表示
します。［グローバル調整］で［ぼかし：80.0px］と

し、［反転］をクリックして適用します 12 ～ 14 。
［メニュー→フィルター→ぼかし→ぼかし（ガウ
ス）］でダイアログを表示し、［半径：15.0pixel］と
して適用します 15 、16 。レイヤーパネルの［レ
イヤーの描画モードを設定］を［輝度］として［不
透明度：50％］とします 17 、18 。

底に合わせて楕円を配置

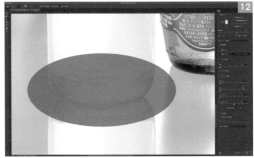

[選択とマスク]
ダイアログ

［ぼかし：80.0px］と設定し、
［反転］をクリック

調整結果を確認して適用

［半径：15.0pixel］として適用

調整結果

描画モードを［輝度］に変更し、
［不透明度：50％］とする

調整結果

ハイレベルな合成

Chapter 5

01

風景写真のパノラマ合成と演出

After

風景をより印象的に仕上げていきます。RAWデータからパノラマ合成を行い、Camera Rawによって基本的な色調を調整します。さらにいわゆるOrton Effectや太陽光を強調する演出の手順を見ていきましょう。

Before

プロはこう考える

Step 1
RAWデータから
パノラマ合成

Step 2
Orton Effectで
風景に奥行きをつける

Step 3
太陽の位置を考えて
光らせる場所を決める

Bridgeを利用してパノラマに結合する

·01·

まず、Bridgeで少しずつズラ
して撮影した元画像（ここでは
「DSC_01.NEF」 〜「DSC_03.
NEF」）を表示します。これらを選
択して右クリックし 01 、[Camera
Rawで開く]を選択して[Camera
Raw]で開きます 02 。

·02·

[Camera Raw]で3枚の画像を
全て選択し、右クリックして[パノ
ラマに結合]を選択します。[パノ
ラマ結合プレビュー]画面が表
示されるので、[投影法：円筒法]、
[境界線ワープ：100]に設定し
ます 03 。

なお、[投影法：遠近法]は不自然
になることが多く、筆者の経験上
ではあまり使用しません。[円筒
法]か[球面法]を比較して、自然
なほうを選択するとよいでしょう。

また、[境界線ワープ]は[0]のま
までは横長になりすぎたため、こ
こでは[100]に設定しました。お
好みで任意の値を指定してもかま
いません。

·03·

設定が終わったら［結合］をクリックします。保存ダイアログが表示されるので、名前を付けて保存しましょう。

保存が終わると、結合された画像が［Camera Raw］で表示されます 04 。

Camera Rawで基本補正を行う

·01·

［Camera Raw］上で基本補正を行っていきます 01 。［Camera Raw］はPhotoshopが得意とするマスクによる合成や変形はできないので、明るさや彩度を破綻しない程度に調整するだけにとどめましょう。

［Camera Raw］は明るさや色の編集する際の自由度が高いので、この段階で画像全体にディテールがのった状態にしておきます。

まず、「基本補正」で 02 のように設定します。ここでは全輝度域でディテールを出すことを目標に調整します。右上にヒストグラムが表示されているのでそこで黒つぶれや白飛びをなくしたり、抑えるように調整します。

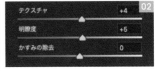

［色かぶり補正：+7］
［コントラスト：+8］
［ハイライト：−79］
［シャドウ：+65］
［テクスチャ：+4］
［明瞭　度：+5］

·02·

[キャリブレーション]では[ブルー色度座標値]で[彩度：+27]とします 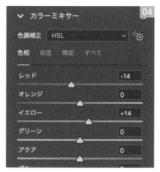 。

とくに風景写真では、[基本補正]の[彩度]や[自然な彩度]ではなく、[キャリブレーション]で彩度を上げたほうが、自然に彩度を加えることができます。

さらに、[カラーミキサー]で[色相]を  、[彩度]を 05 、[輝度]を 06 のように設定して色を落ち着けます 07 。

[レッド：−14]　[イエロー：+14]

[レッド：+21]　[オレンジ：+25]
[グリーン：−9]　[ブルー：−25]

[レッド：-6]
[オレンジ：−8]
[イエロー：−30]
[ブルー：−41]

調整結果

·03·

次に「カーブ」で中間調を下げ、明暗のコントラストをつけます。ここでは 08 、09 のように設定しました。

RGB全体で少し中間調を下げて温かみを出し、ブルーのカーブも同様に調整することでシャドウに少し青みを足しています 10 。

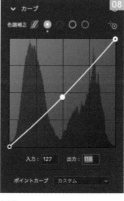

RGB
[入力:127／出力:118]

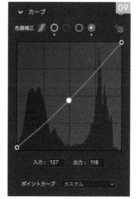

ブルー
[入力:0／出力:6]
[入力:127／出力:118]

調整結果

·04·

さらに、少し解像感が足りないため、「ディテール」の項目でシャープネスも強調します 、12 。

なお、マスクはoption〔Alt〕キーを押しながらスライダーを動かすと、白黒で表示されます（白が適用される部分、黒は適用されない部分）13 。

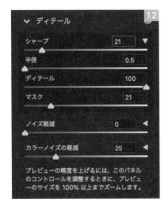

［シャープ：21］　［半径：0.5］
［ディテール：100］　［マスク：21］

option〔Alt〕キーを押しながらスライダーを動かすと、シャープが
適用される部分が白、適用されない部分が黒で表示される

·05·

右側のツールボックスで［段階フィルター］を選択し、画像の空の部分を上から下にドラッグして 14 、15 のように設定します。続けて、下半分の山の部分を下から上にドラッグして 16 、17 のように設定します。

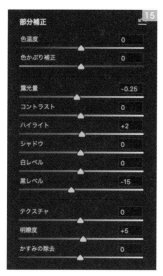

[露光量：-0.25]　[ハイライト：+2]
[黒レベル：-15]　[明瞭度：+5]

[白レベル：+12]
[黒レベル：+5]
[テクスチャ：+2]
[明瞭度：+5]

06 これで設定が終わったので、右下の[開く]ボタンをshiftキーを押しながらクリックして、スマートオブジェクトとして開きます。
こうすることで、あとから[Camera Raw]で再調整することができるのでおすすめです 。
通常の[開く]の場合、背景レイヤーで開かれるため、あとから調整しようとしても、パノラマ合成したDNGファイルを直接編集することができなくなります（今回は[Camera Raw]を調整し直すことはないので[開く]でもOKです）。

スマートオブジェクトとして開く

不要物の除去

01 画像のゴミを取り除きます。ここでは、不自然に見える雲と草のゴーストを消します。
まず、新規レイヤーを「Dust」の名前で作成し 、[スポット修復ブラシツール]を選びます。
[モード：通常]、[種類：コンテンツに応じる]に設定し、[全レイヤーを対象]にチェックを入れましょう 02。半径はここでは[63]にしていますが、画像サイズや修復する場所の大きさによって調整してください。

·02·

これで準備ができましたので、[ズームツール]で噴煙のあたりを拡大表示します。レイヤーパネルで「Dust」レイヤーが選択されていることを確認して、[スポット修復ブラシツール]で雲のあたりをなぞります 03 、 04 。

次に画面下部の草を拡大し、同様に[スポット修復ブラシツール]でなぞって消去します 05 、 06 。

03 さらに、画面右側に写っているカメラをフレームアウトさせ、幅を狭めることで高低感を強調します。あとで元画像に戻れるように、ここまでの画像を別レイヤー化します。command〔Ctrl〕+option〔Alt〕+shift+Eキーを押しましょう。これで、全ての表示レイヤーが1つの画像に結合された状態で複製されます 07 。

·04·

次に[メニュー→編集→自由変形]を選び、さらに画像を右クリックして、[ワープ]を選択します。08 のように右側のカメラが画面外にはみ出るようにします。enterキーはまだ押さないでください。

·05·

さらに画像を右クリックして［自由変形］を選び、上のコントロールパネルで［W：91％］と入力して幅を狭くします 09、10 。
変形が終わったら、enterキーを押し変形を確定します。

·06·

変形で不要になった部分は、［切り抜きツール］でトリミングします 11 。

Orton Effectを加える

Orton Effectと呼ばれる効果を適用してみましょう。遠景を若干ぼかし、遠近感を強調します。command〔Ctrl〕＋option〔Alt〕＋shift＋ヒキーを押して、結合された画像を複製します。レイヤー名を「Orton Effect」とし、［不透明度：20％］に設定します 01 。

このレイヤーが選択された状態で、［メニュー→フィルター→ぼかし→ぼかし（ガウス）］を選択し、［半径：30pixel］で適用します 02 。
さらに［メニュー→イメージ→色調補正→レベル補正］を選択し、［黒レベル：12］で適用して暗い部分を引き締めます 03 。

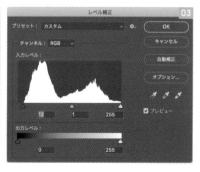

02　[Orton Effect]レイヤーを選択した状態で、[メニュー→レイヤー→レイヤーマスク→すべての領域を表示]で白のマスクを作成します  04 。
[描画色：黒]に設定したら、[グラデーションツール]を選択し、プリセットの[描画色から透明に（基本）]、[線形グラデーション]に設定します 05 。

手前から奥にかけて黒のグラデーションをかけて、近い場所から遠景へ効果が強くなっていくように調整します 06 。

太陽の光を強調

・01・

ベタ塗りレイヤーを活用して、太陽の光を強調します。べた塗りレイヤーを利用すると、あとから色みを簡単に調整できるのでオススメです。
[メニュー→レイヤー→新規塗りつぶしレイヤー→べた塗り]でオレンジ（ここでは[R144／G109／B63]）のべた塗りレイヤーを作成し、[描画モード：ソフトライト]に設定します。
また、レイヤーマスクは一度削除しておきます 01 。

02　チャンネルパネルで[レッド]チャンネルをcommand〔Ctrl〕+クリックして、選択範囲を作成します。レイヤーパネルで先ほど作成したべた塗りレイヤーを選択し、[メニュー→レイヤー→レイヤーマスク→選択範囲外をマスク]を適用してべた塗りレイヤーをマスクします 02 、 03 。

各チャンネルをcommand〔Ctrl〕+クリックすると、選択範囲が作成されますが、この選択範囲はチャンネル画像を表示した際のモノクロ画像の輝度に応じたものです（黒はまったく選択されず、白に近いほど選択範囲の不透明度が高くなります）。

03　このままでは適用されている範囲が広いので、[レベル補正] でレイヤーマスクを調整します。レイヤーパネルでレイヤーマスクを選択し、[メニュー→イメージ→色調補正→レベル補正] を 04 の設定で適用します 05 。

草のハイライトの部分がより強く、草のシャドウの部分は弱くなるように調整しました。

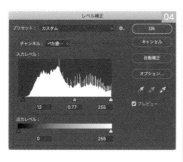

04　太陽を強調するために、べた塗りレイヤーを再度作成します。カラーは [R96／G68／B31]、[描画モード：スクリーン] に設定して、レイヤーマスクをいったん黒で塗りつぶします 06 。

次に [ブラシツール] を選び、[モード：通常]、[不透明度：30％ (任意)]、[流量：任意]、[描画色：白] に設定して、太陽のあたりに効果が適用されるようにブラシでマスクを編集します 07 、 08 。

ブラシで描いた部分

調整結果

草に光を当てる

·01·

手前の草が少しさびしいので、光が当たった状態にしましょう。まず、レイヤーグループ［草］を作成します。

次に、光を当てたい草のハイライト部分が白に近く、それ以外の草の影の部分が黒に近いチャンネル（草のコントラストが高いチャンネル）を探します。今回はレッドが適切ですので、チャンネルパネルで［レッド］をcommand〔Ctrl〕＋クリックして選択範囲を作成します。続けてレイヤーパネルで［レイヤーマスクを追加］をクリックしてマスクにします 01 。

·02·

草のハイライトが白く、シャドウが黒くなるようにマスクを補正します。レイヤーマスクサムネイルをoption〔Alt〕＋クリックして白黒表示し、［メニュー→イメージ→色調補正→トーンカーブ］を選択して、02 の設定で適用します。

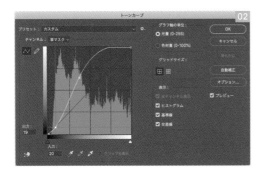

·03·

まず、太陽付近の色をカラーピッカーで拾って描画色にしておきます。続けて［メニュー→レイヤー→新規塗りつぶしレイヤー→ベタ塗り］を実行し、［描画モード：ビビットライト］に設定します。レイヤーマスクはいったん黒で塗りつぶしておきます 03 。

·04·

べた塗りレイヤーのマスクに、［ブラシツール］で大まかに光を当てたい部分を塗っていきます 、05。

「草」レイヤーグループに輝度に応じたマスクを設定しているので、適用されるのはグループのマスクとレイヤーマスクの共通部分になります。そのため、レイヤーのマスクはおおざっぱでかまいません。

ブラシで描いた部分

調整結果

最後の微調整

01 最後に微調整を行います。
まず、command〔Ctrl〕+ option〔Alt〕+ shift + E キーを押して結合された画像を複製し、レイヤー名を「Final」とします。さらに、［メニュー→レイヤー→スマートオブジェクト→スマートオブジェクトに変換］を実行します 01。

画像のキレを増すために、シャープをかけます。シャープのフィルターはいくつかありますが、スマートシャープが効果が高くおすすめです。ここでは、02 の設定でシャープをかけました。

·02·

「黒が少なく画像の締まりが弱い」、「空の色が不自然」と感じたため、色調の最終調整をします。[メニュー→フィルター→Camera Rawフィルター]を選択し、[基本補正]を 03 の設定で適用します。さらに、[カラーミキサー]の[色相][彩度][輝度]で、[ブルー]の値をそれぞれ設定して適用します 04 〜 06 。
これで完成です 07 。

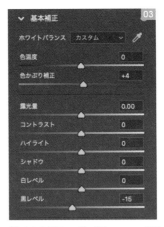

[色かぶり補正：＋4]　[黒レベル：−15]

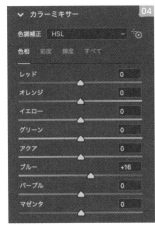

[ブルー：＋16]

[ブルー：−10]

[ブルー：−57]

調整結果

02

夜空を美しく幻想的に魅せる

After

暗い風景を写真に撮った場合、ノイズがのりやすくなります。ここでは、複数の画像を利用してノイズを除去する方法と、輝度に応じた段階的なマスクの作成方法、被写体を引き立たせる明るさの調整方法を見ていきましょう。

Before

<

👆 **プロはこう考える**

Step 1

Step 2

Step 3

明るくしつつノイズを除去する場合は加算を使う

明るさを変えずにノイズを除去する場合は平均値を使う

輝度に応じたマスクを作成してきめ細かく調整する

Camera Rawで画像を開いて編集する

·01·

ここでは、三脚で固定して複数枚を撮影をした写真を利用して、夜景を美しく表現していきます。
まずBridgeで元画像を開き(ここでは「DSC_001.NEF」〜「DSC_012.NEF」と「sky-merged.tif」)、全て選択して右クリックし、[Camera Rawで開く]を実行します 01 。

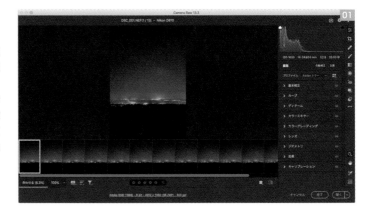

·02·

最初の1枚を選択し、「基本補正」を 02 のように設定します。ここでは露出がアンダーなので露出をプラスし、全体のディテールが出るように[ハイライト]と[シャドウ]を調整しました。

調整が終わったら、画面下部フィルムストリップにある「sky-merged.tif」以外の全てを選択し、右クリックして[設定を同期]を実行して他の画像にも適用します 03 。

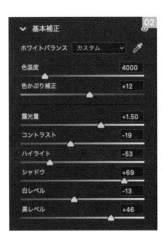

·03·

次に「sky-merged.tif」を選択し、[基本補正]を 04 のように設定します。この画像は天の川に使う画像なので、天の川がある程度見えるようになるよう調整していきます。
[ディテール]を 05 のように設定し、ディテールが失われない程度にノイズを除去します。

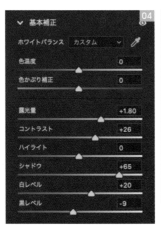

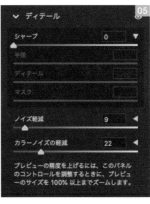

さらに、[カラーグレーディング]を 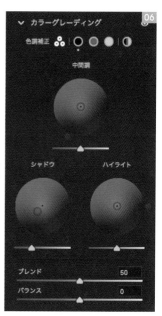 06 のように設定して青み
を少し足します。

最後に、[円形フィルター]を 07 のように設定して、天の川を
強調します。[ハイライト]と[白レベル]で天の川の明るい部
分がよりはっきりするように調整しましょう。

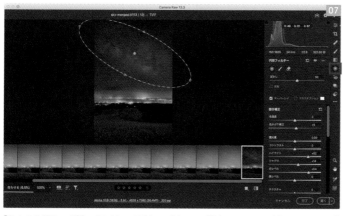

[色かぶり補正:+5][ハイライト:+52][シャドウ:+14][白レベル:+54][滑らかさ:+50]

Photoshopで画像を開いてノイズを軽減する

·01·

全ての編集が終わったらCamera Raw上で全ての画像を選
択し、[開く]をクリックしてPhotoshop上で開きます。これら
を1つのファイルに順にコピー&ペーストするなどして、レイ
ヤーとしてまとめておきましょう。また、「sky-merged.tif」以
外は1つのレイヤーグループにまとめておきます 01 。

なお、この写真は高感度で撮影しているため、ノイズが多く
出ています。[Camera Raw]の段階でノイズ除去を試みても
いいのですが、そうするとディテールも損なわれがちです。
そこで今回は、「加算平均」の手法で前景部分のノイズを低
減してみます。

簡単に説明すると、高感度ノイズは「ランダムノイズ」と呼ば
れ、画像の特定の位置ではなく不規則に現れるため、複数枚
の画像の平均値をとることで、ノイズを減らせます。
具体的には、n枚の画像を平均してできた画像は、ノイズが
$1/\sqrt{n}$ となります。この複数の画像の平均をとるノイズ除去方
法を一般に「加算平均」と呼びます。
なお、加算を用いた合成は画像が明るくなり、平均値を用い
た合成は明るさは変わりません。今回の例では、花の部分は
少し明るくしたいため、「加算」と「平均値」を組み合わせてノ
イズを減らし、街灯りの部分は加算だと白飛びしてしまうため
「平均値」のみでノイズを減らします。

·02·

まず、加算から行っていきます。レイヤーのグループを複製し（複製したものはあとで平均値用に使用します）、下から2つのレイヤー以外を非表示にしたら、表示されている2枚のうち上のレイヤーを［描画モード：覆い焼き（リニア）- 加算］に設定します。続けてcommand〔Ctrl〕+Eキーを押して2つのレイヤーを結合します。

結合したレイヤーの上層の2枚についても同様の操作を順に行っていき、計6枚の加算画像を作ります 。

レイヤーパネルで11枚めと12枚めを加算している状態

03 加算したレイヤー全て選択し、右クリックして［スマートオブジェクトに変換］を実行します。
さらに［メニュー→レイヤー→スマートオブジェクト→画像のスタック→平均値］を実行します。明るくなりながら、ノイズが少なくなっていることが分かります 03 、 04 。
このレイヤーに［メニュー→レイヤー→スマートオブジェクト→ラスタライズ］を実行してラスタライズし、レイヤー名を「花」にします 05 。

適用前

適用後

グループは削除している

·04·

続いて街の前景部分の素材を作っていきます
平均値用のグループのレイヤーを全て選択し、右クリックして、[スマートオブジェクトに変換]を実行します。
さらに、[メニュー→レイヤー→スマートオブジェクト→画像のスタック→平均値]を実行します。
こちらもラスタライズしてレイヤー名を「前景」に変更します。一番上のレイヤーも「sky」に変更しておきましょう。

グループは削除している

輝度マスクを作成する

01
「花」レイヤーに適用するマスクを作成しましょう。ここで「輝度マスク」と呼ばれるマスクを作成します。
輝度マスクとは、画像（チャンネル）の輝度に応じたマスクです。ここでは汎用性をもたせるために、明るい部分に使用する6段階のマスク画像、暗い部分に使用する6段階のマスク画像、中間調に使用する3段階のマスク画像を作成して、それらの作成工程もアクション化します。

まず、あとで使用するため「花」レイヤーのみを表示します。次にアクションパネルで[新規セットを作成]をクリックし、[アクションセット名]を「Luminosity Mask」にしてセットを作ります。次に[新規アクションを作成]をクリックし、[アクション名]を「Bright」にして[記録]をクリックして記録を開始します 01 。

·02·

まず、チャンネルパネルで[RGB]をcommand〔Ctrl〕+クリックして選択範囲を作成します。
[選択範囲をチャンネルとして保存]をクリックし、できたアルファチャンネルの名前を「Bright1」に変更します。

03 そのまま「Bright1」チャンネルをcommand〔Ctrl〕+option〔Alt〕+shift+クリックすることで、現状の選択範囲と「Bright1」との共通範囲を作成します。再度［選択範囲をチャンネルとして保存］をクリックし、できたアルファチャンネルの名前を「Bright2」に変更します 。同様の要領で「Bright6」まで作成します 。
終わったら、アクションパネルで［再生／記録を中止］（四角のボタン）をクリックしていったんアクションの記録を終了します 。

·04·

続けて暗い範囲のチャンネルを作成していきます。
「Dark」のアクション名で記録を開始したら 、まず、チャンネルパネルで「Bright1」をcommand〔Ctrl〕+クリックして選択範囲を作成し、続けてcommand〔Ctrl〕+shift+Iキーを押して選択範囲を反転します。
チャンネルパネルで［選択範囲をチャンネルとして保存］をクリックしてこの選択範囲を保存し、できたチャンネル名を「Dark1」とします 。

·05·

「Dark1」をcommand〔Ctrl〕+option〔Alt〕+shift+クリックして共通範囲を作成し、この選択範囲を保存して「Dark2」とします。
同様の要領で「Dark6」まで作成していきます 。できたら、アクションパネルで記録を停止しましょう。

06 さらに中間調範囲のチャンネルを作成していきます。「Midtone」のアクション名で記録を開始したら、まず、command〔Ctrl〕+Aで全て選択します。次に、チャンネルパネルで「Bright1」をcommand〔Ctrl〕+option〔Alt〕+クリックして、Bright1の選択範囲を除外します。
さらに「Dark1」もcommand〔Ctrl〕+option〔Alt〕+クリックしてDark1の選択範囲も除外します。「50%以上選択されているピクセルがありません」とダイアログが表示された場合は、〔OK〕をクリックして進めてください。できた選択範囲を保存し、名前を「Mid1」とします

07 さらにcommand〔Ctrl〕+Aキーで全てを選択し、「Bright2」、「Dark2」を順にcommand〔Ctrl〕+option〔Alt〕+クリックして、選択範囲を保存して「Mid2」とします  。
同様に全てを選択し、「Bright3」、「Dark3」を除外して「Mid3」の選択範囲を作成したら、アクションパネルで記録を停止します  。

08 最後に、作成した3つのアクションを順に実行するアクションを作成します。まず、チャンネルパネルでこれまで作成した「Bright1」〜「Mid3」を削除します。
「All Luminosity Masks」のアクション名で記録を開始し、アクションタブで「Bright」、「Dark」、「Midtone」を順に再生して記録を停止します。これで全ての「Luminosity Mask」を作成するアクションが完成しました  。

作成した輝度マスクを適用していく

·01·

作成した輝度マスクを使ってみます。まず、チャンネルパネルで「Mid2」を、command〔Ctrl〕+クリックして選択範囲を読み込み、レイヤーパネルで「花」レイヤーを選択して、〔レイヤーマスクを追加〕をクリックしてマスクとして適用します  。
「前景」レイヤーを表示した状態で確認すると、街明かりが明るくなりすぎているので、「花」レイヤーのレイヤーマスクを選択した状態で「Bright2」を選択範囲として読み込み、背景色を黒にしてdeleteキーを2回押して塗りつぶします  。

「Bright2」チャンネルの選択範囲を作成し、deleteキーを2回押した状態の画像表示

·02·

花の部分についてはもう少し明る
くしたいので、[ブラシツール]で
マスクを調整します。
[ブラシツール]を[描画モード：
オーバーレイ]に設定し、描画色
を白にして菜の花と桜の部分をな
ぞって明るくしていきます。ブラシ
のサイズや不透明度などは適宜
調整しましょう 03 、04 。

天の川と合わせる

·01·

天の川の部分を調整していきま
す。まず、「花」レイヤーと「前景」
レイヤーをグループ化し、「sky」レ
イヤーを表示します。レイヤーマ
スクを作成して、空の範囲が残る
ように大まかに[ブラシツール]で
マスクを描画します 01 、02 。

·02·

地上部分が明るすぎて少し浮い
てしまっているため、調整します。
「花」レイヤーの上にトーンカーブ
の調整レイヤーを作成し、03 のよ
うに設定してトーンを落とします。

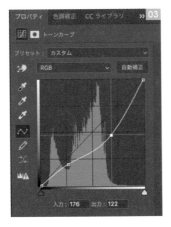

このトーンカーブは花の部分には適用したくないので、先ほど作成した「花」レイヤーのマスクを、command〔Ctrl〕+クリックして選択範囲として読み込み、トーンカーブのレイヤーマスクを選択して、[背景色：黒]の状態でdeleteキーを2回押して花の部分を除外します。

ここまでの作業が終わったら、全てのレイヤーを「base」グループにまとめておきます 、。

Orton Effectを加える

·01·

前節と同様に、Orton Effectを適用し、画像の明瞭度を下げることで、幻想的な雰囲気を演出してみます。まず、command〔Ctrl〕+option〔Alt〕+shift+Eキーを押して結合した画像のレイヤーを作成し、レイヤー名を「Orton Effect」として[不透明度：20％]に設定します 。

このレイヤーに[メニュー→フィルター→ぼかし→ぼかし（ガウス）]を[半径：30pixel]で適用します 。さらに[メニュー→イメージ→色調補正→レベル補正]を[入力レベル：7／1／248]で適用します 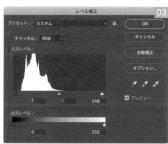 ～ 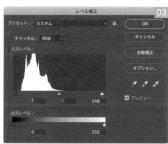。

適用前

適用後

花を強調する

·01·

べた塗りレイヤーを利用して、花
の部分を強調していきます。
まずレイヤーグループ[花強調]
を作成し、このグループのレイ
ヤーマスクを作成して、[花]レイ
ヤーと同じマスク画像を適用しま
す。option〔Alt〕+クリックしてマ
スク画像を表示し、コピー&ペー
ストすればよいでしょう 01 。

「花」と同じマスク画像を適用する

·02·

[花強調]グループ内にべた塗
りレイヤーを[カラー:R227／
G197／B57]、[描画モード:ソフ
トライト]で作成し、いったんマス
クを黒で塗りつぶします 02 。
[ブラシツール]を[モード:通常]、
[不透明度:30％程度]、[流量:
20％程度]に設定し、[描画色:白]
でマスクをなぞりながら、菜の花
を塗っていきます 03 、 04 。

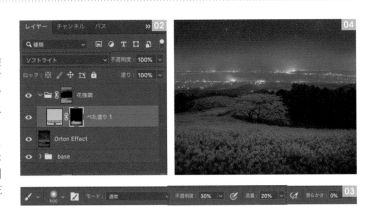

·03·

続いて桜も同様に強調していきま
す。
べた塗りレイヤーを[カラー:
R166／G161／B180]、[描　画
モード:ソフトライト]で作成し、
同様にいったんマスクを黒で塗り
つぶして、[ブラシツール]で桜の
部分をなぞって強調していきます
05 、 06 。

天の川を強調する

01
天の川を強調していきます。まず、[トーンカーブ]の調整レイヤーを作成し、空の部分のみに適用されるように、マスクの下半分をおおまかに黒で塗りつぶしておきます 。
[トーンカーブ]では、天の川のコントラストが非常に低く眠いので、白レベルを上げてメリハリをつけていきます 。

天の川は強調できましたが青みが強く出すぎてしまったため、[ブルー]のカーブで調整します 。今度は少し緑色が強くなったので、[グリーン]のカーブで調整します 04 、05 。

RGB

ブルー

グリーン

02

このままでは少し星が明るくなりすぎてうるさく感じるので、明るい星にはトーンカーブが適用されないようにします。
チャンネルパネルの[Bright2]をcommand〔Ctrl〕+クリックして選択範囲を作成し、トーンカーブのレイヤーマスクを選択して、[背景色：黒]の状態でdeleteキーを押します 、。

03　天の川を強調するために細かい星の光を抑えましたが、もう少し星を除去して、さらに天の川に目が行きやすくします。
command〔Ctrl〕+option〔Alt〕+shift+Eキーを押して結合画像のレイヤーを作成し、〔メニュー→フィルター→その他→明るさの最小値〕を〔保持：真円率〕、〔半径：0.5pixel〕で適用します 。
地上部分にはこのフィルターをかけたくないため、レイヤーマスクを作成し、ブラシで塗りつぶして適用外にしておきます 、。

全体の調整

・01・

コントラストが低いので、〔レベル補正〕の調整レイヤーで白飛びや黒つぶれが発生しないようにしながら調整します 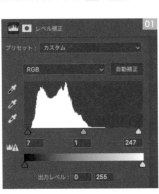、02。

最後に画像の周辺を減光して、没入感を演出します。
グラデーションレイヤーを新規作成し、〔グラデーション：透明から黒〕、〔スタイル：円形〕、〔比率：200％〕に設定します 03。レイヤーを〔不透明度：60％〕に設定したら、菜の花と桜、天の川部分のマスクを黒ブラシで塗って、減光効果を外します 04、05。

〔レベル補正〕適用後

グラデーションレイヤー適用後

グラデーションは〔描画色：黒〕にした状態で、プリセットの〔基本→描画色から透明に〕を選択して、〔逆方向〕にチェックを入れてもかまわない

03 暗雲の立ち込めた不穏な雰囲気のビル群を表現

下から見上げたビルの風景に、暗雲を合成して、不穏な雰囲気を作り出します。切り抜き用のマスクは輝度マスクをベースに作成します。各素材の明度をコントロールしながら、違和感なく合成していきましょう。

Before

プロはこう考える

Step 1
合成用に空の部分の
マスクを作成する

Step 2
素材を違和感なく
合成する

Step 3
色を調整して表現したい
雰囲気にする

輝度マスクで空のチャンネルを作る

·01·

元画像を開きます。前節で作成したアクション「Luminosity Mask」(233ページ参照)を利用して、空の選択範囲を作ります。
ここでは[Bright]のアクションを使用します 。なお、ダウンロードファイルにも「Luminosity Mask」というアクションファイルを収録していますので、作成していない場合はこのファイルを利用してください。
チャンネルパネルに[Bright1]〜[Bright6]のチャンネルができます 。

02

ここでは空に効果がかかるようなマスクを作ることが目標なので、空が白く建築物が黒いもの(選択したい部分とそうでない部分のコントラストが高いもの)を使用します。今回は[Bright4]を使用します 。[スポイトツール]で色をとって、コントラストを比較しながら選んでもよいでしょう。この[Bright4]チャンネルを複製し、名前を「sky」に変更します 。

03

[sky]チャンネルの画像を表示した状態のまま、[メニュー→イメージ→色調補正→トーンカーブ]を 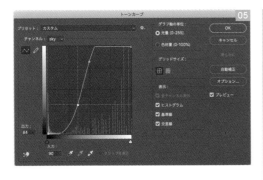 の設定で適用します。ここでも建物の部分が黒、空の部分が白になるように調整します 。あとからブラシで調整するので、ここでは完全な白黒になっていなくてもOKです。

·04·

ブラシで中間調になっている部分を調整していきます。
[描画色：白]、[背景色：黒]に設定し、[ブラシツール]を選
択して、[モード：オーバーレイ]、[流量：100]に設定します
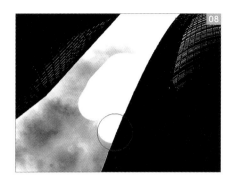 07 。白くしたい部分をブラシでなぞって白にしていきます。
逆に黒にしたい部分は、Xキーを押して描画色を黒に切り替え
てなぞっていきます 08 。[覆い焼きツール]と[焼き込みツー
ル]でも同様の操作を行えますが、Xキーだけで切り替えられ
るのがこのやり方のメリットです。

·05·

[ブラシツール]で残ってしまった部分（白く
残った窓など）は、[多角選択ツール]で選択
し、deleteキーで塗りつぶします 09 。左上
に左上飛び出ている不要な建物の部分もこ
の方法で消しておきます。さらに確実に中間
調をなくして白／黒にするために、[メニュー
→イメージ→色調補正→レベル補正]を 10
のような設定で適用します 11 。

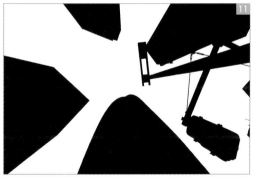

空を黒で塗る

·01·

チャンネルパネルで先ほど作成した[sky]
をcommand〔Ctrl〕+クリックして選択範囲
を作成します。レイヤーパネルでグループ
[sky]を作成し、[レイヤーマスクを追加]を
クリックして選択範囲をマスクにします。
このグループ内に黒のべた塗りレイヤーを
作成します 01 。

·02·

建物と空の境界付近に薄っすらと白線が残ってしまっているのでここを調整していきます 。
[sky]レイヤーグループのレイヤーマスクを右クリックして、[選択とマスク]を選び、[ぼかし：1px]、[エッジをシフト：88%]で実行します 03 。
ここでは、境界がジャギーが目立たないように少しぼかし、[エッジをシフト]でマスクの範囲を拡大しました。

チャンネルパレットの[sky]チャンネルをいったん削除し、レイヤーパネルで調整した[sky]レイヤーグループをcommand〔Ctrl〕+クリックして選択範囲を作成して、チャンネルパネルに「sky」のチャンネル名で保存し直します 04 。

[表示モード]で[表示：オーバーレイ]、[示す内容：選択範囲]にした状態

長秒露光をしたような雲を描く

01 [sky]グループ内に新規レイヤーを作成し、[メニュー→フィルター→描画→雲模様1]で雲を描画します 01 。[ブラシツール]で雲のブラシ（「雲ブラシ」等で検索するとたくさんヒットします）をダウンロードして描画してもよいでしょう。

この雲模様に[メニュー→フィルター→ぼかし→ぼかし（移動）]を[角度：33°]、[距離：1000pixel]で適用して 02 、雲が露光中に移動したようにします。

移動ぼかしのままでは線が残りすぎていて不自然なため、さらに［メニュー→フィルター→ぼかし→ぼかし（ガウス）］を［半径：25px］で適用して  、馴染ませます  。

·02·

雲の量や暗さを調整します。ここでは［レベル補正］の調整レイヤーを 05 のような設定で作成しました 06 。
さらに、くもり空に対して建物のコントラストが強すぎるので、［背景］の上に［トーンカーブ］の調整レイヤーを作成して調整します 07 〜 09 。

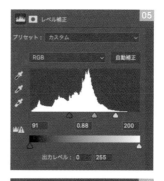

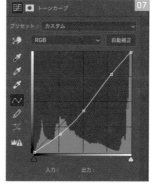

明るさや色みを調整して雰囲気を出す

·01·

周辺を減光して暗い雰囲気を強調します。

描画色を黒に設定し、グラデーションレイヤーを［グラデーション：描画色から透明に］、［スタイル：円形］、［比率：200％］に設定し、［逆方向］にチェックを入れて作成します 。さらにレイヤーを［不透明度：80％］、［描画モード：ソフトライト］に設定したら、このレイヤーを複製して効果を強めます 02 、 03 。

［ソフトライト］で合成すると、明るい部分には暗い部分が適用されません。暗い部分がより暗くなり、明るい部分は残るため、コントラストを保ちながら周辺減光をかけることができます。

02

次に信号を光らせます。

［背景］を選択し、［メニュー→選択範囲→色域指定］を選びます。［選択範囲のプレビュー：グレースケール］に設定し、信号機のLEDのあたりをクリックして、［許容値］のスライダーを動かしながら、LEDのみが白になっている状態にして実行します 04 。そのまま、べた塗りレイヤーを［カラー：R113／G239／B181］で作成し、［描画モード：スクリーン］で合成して信号機の光を強調します 05 。

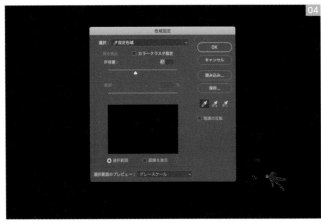

［選択範囲のプレビュー：グレースケール］に設定した状態の表示

マスクに少しグレーの部分が残っているため、レイヤーマスクを選択して、[メニュー→イメージ→色調補正→レベル補正]を  のような設定で適用しましょう 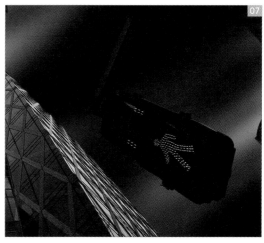 。

03 べた塗りレイヤーが1枚だと効果が弱いため、このレイヤーを複製して重ねます。さらに、上のレイヤーマスクを選択した状態でプロパティパネルで[ぼかし:7px]を適用してグロー感を出します 08 、 09 。

グロー感が足りない場合は、さらにレイヤーを複製して重ねていく

·04·

次に、全体的にコントラストが低いため、空の部分と建物の部分に分けてコントラストを調整していきます。
まず、雲を明るくするため[sky]グループの中に[トーンカーブ]の調整レイヤーを作成し、中間調を持ち上げます 10 。

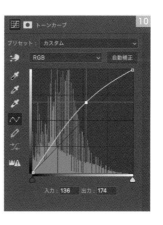

このままでは雲全体が明るくなって周辺減光の印象が薄れてしまうため、[グラデーションツール] を [グラデーション：描画色から透明]、[スタイル：円形]、[不透明度：50%]、[逆方向] に設定し 、[描画色：黒] で [トーンカーブ] の調整レイヤーのマスクに円形グラデーションを描画します 、13 。

·05·

建築部分についても調整していきます。

一番上に [トーンカーブ] の調整レイヤーを作成し、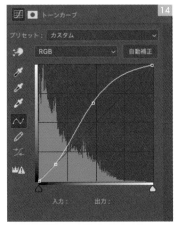 の設定で建築物のハイライトを強調します。

このままでは全体に効果がかかっているため、空の部分を除外します。いったんトーンカーブのマスクを黒で塗りつぶし、チャンネルパネルの [sky] を command〔Ctrl〕+クリックして選択範囲を作成して、command〔Ctrl〕+ shift + Iキーで選択範囲を反転します。

[グラデーションツール] の設定を [不透明度：100%] に変更し、[逆方向] のチェックを外して、[描画色：白] で中央からグラデーションを描画します 15 、。

これで、建物の上層階ほど明るくなり、高さの印象を強調できました。

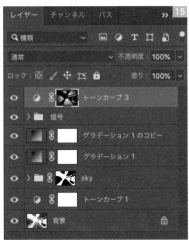

最後に、色の微調整をしていきます。
左側のビルが少し暗く、青すぎると感じたため、
[多角選択ツール]で大まかに選択し、色調補正
パネルの[特定色域の選択]で 17 のように補正
します 18 。[特定色域の選択]は指定した色域

のみに効果がかかるため、完璧なマスクを切らな
くても目的の範囲に効果を適用できます。
上部のビルが紫色になっているため、同様に[特
定色域の選択]で調整します 19 、 20 。
これで完成です。

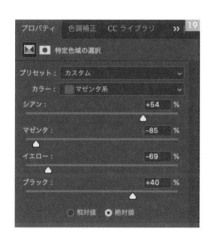

図は選択範囲と調整結果を同時に示している

図は選択範囲と調整結果を同時に示している

04

1枚の写真から華やかにイメージを飾る

After

ハーバリウムの物撮りの例を通して、1枚の画像から素材を作成・編集していく手法を学びます。素材が足りないときの苦肉の策とも言えますが、ボケ量を変えて重ねていくことで、奥行き感のある構成にすることも可能です。

Before

プロはこう考える

Step 1
飾りとなるパーツを決めて切り出す

Step 2
ボケ量を変えながら配置して奥行き感を出す

Step 3
ハイライトなどのディテールを加えて仕上げる

花を配置する

01 元画像を開きます。このハーバリウムの周りに花のボケを作っていきましょう。別に花を撮影して素材とするのが一般的ですが、ここではボトルの中の花を利用していきます。

まず、[オブジェクト選択ツール]を選択し、[モード：なげなわ]に設定して 、おおまかにボトル内の花を囲って選択範囲を作成します 。command〔Ctrl〕+Jキーを押して選択範囲をコピーしたレイヤーを作成し、[メニュー→編集→自由変形]で拡大して画面左下に配置します 。

02 白い部分を透過させるため、レイヤーをダブルクリックし、[レイヤー効果]の[ブレンド条件]で[このレイヤー]の右のスライダー（△）の左半分をoption〔Alt〕キーを押しながら左にドラッグし、04 のように設定します。

さらに、瓶の色などが残った部分を[消しゴムツール]で削除します 05 。

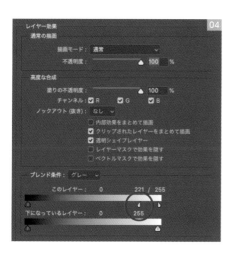

このレイヤーに [メニュー→フィルター→ぼかし→ぼかし（ガウス）] を [半径：15pixel] で適用してぼかします 。

·03·

右上が少しさびしい印象なので、左下に配置しているレイヤーを複製し、移動して埋めます 。

色みを調整する

·01·

花が緑っぽく見えるので、調整します。
[特定色域の選択] の調整レイヤーを作成し、[カラー：イエロー系] を [シアン：−34%]、[イエロー：−18%] に設定します 。

シアンを減らすことで赤みを足し、
イエローを減らして青みを足すこ
とで、少しあせた印象にしました
02。

構成の整理と調整

01 左下の水滴が少しうるさく見えるので、背景の上
にレイヤーを作成して白ブラシで塗り隠します
01。レイヤーを使わずに直接塗りつぶしてもか
まいません。

さらに、左下のあいたスペースにも花のレイヤー
を複製して埋めます 02。

02 現在は、右上に配置した花と左下に配置した
花のボケ量が同じで、奥行き感に欠けます。
そこで［メニュー→フィルター→ぼかし→ぼ
かし（ガウス）］を［半径：15pixel］で再度適
用してボケを大きくします。
また、右上の花を複製し、変形して右下にも
配置しスペースを埋めていきます 03。

この花に[メニュー→フィルター
→ぼかし→ぼかし（ガウス）]を
[半径：30pixel]で適用します。
この花が一番大きくボケていると
いう想定です。
さらに、[消しゴムツール]で余分
なものを消して形を整えました
04 。

ボトルにハイライトを追加する

01 ボトルが平面的な印象を与えるため、ハイライト
を足して立体感を強調します。
新規レイヤーを[描画モード：スクリーン]で作
成し、[グラデーションツール]を選択して、[グ
ラデーション：描画色から透明に]、[反射形グラ
デーション]に設定します 01 。描画色を白に設

定して、画面上の任意の位置でドラッグしてグラ
デーションを描画しましょう 02 。
[メニュー→編集→自由変形]でボトルと平行に
なるように角度を調整し配置し 03 、レイヤーマス
クでボトルの側面からはみ出さないように調整し
ます 04 。

図はグラデーションを選択したところ

調整結果

·02·

最後に微調整を行います。

まず、[トーンカーブ] の調整レ
イヤーでコントラストをつけます
05 。

次に、ボトルの左側面に青色が出
ているため、[色相・彩度] の調整
レイヤーで「シアン系」と「ブルー
系」を [彩度：−100] にして青み
を取り除きます 06 、 07 。

これで完成です 08 。

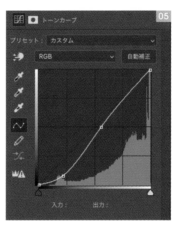

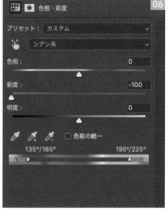

シアン系

ブルー系

Index

Profile

著者プロフィール

[Chapter1・3・4執筆]

高嶋一成(たかしま・かずしげ)

フォトグラファー。コマーシャルフォト制作会社を退社後、フリーランスとなりスタジオカラーズ設立。著書には「Phtoshop Lightroomの教科書 思い通りに仕上げるRAW現像の技術」「やさしいレッスンで学ぶ きちんと身につくPhotoshopの教本」(共著)「プロとして恥ずかしくない 新写真補正の大原則」(共著)など(以上エムディーエヌコーポレーション刊)。
YouTube:https://www.youtube.com/channel/UC9LnRnnr4zsD4HrQNh6WPGg

[Chapter2執筆]

マルミヤン

2007年より「マルミヤン」(Marumiyan)名義で、福岡を拠点に活動を開始。雑誌、広告、パッケージ、アパレル、Webなど様々な媒体で活動を行う。人物や植物、動物、建物などのアイコンをグラフィカルに組み合わせ、洗練された作品作りを目指す。最近では"FOUR DIMENSIONS WORLD"をテーマとした作品も精力的に制作中。
Instagram:@marumiyan
Web:https://marumiyan.com/
Web:https://marumiyan.com/fdw/

[Chapter5執筆]

佐藤悠大(さとう・ゆうだい)

高校入学を機に一眼レフカメラを購入し風景写真を撮り始める。大学入学より本格的に活動を開始し、学生生活の傍らダイナミックな風景を求めて休日に九州各地に赴く。また、同時に海外の風景写真に影響を受けPhotoshopによる写真編集の勉強を始める。
2019年東京カメラ部10選に選出、2020年東京カメラ部10選U-22に選出。第58回富士フイルムフォトコンテスト・International Photography Awardをはじめ国内外のコンテストで入賞経験多数。
Twitter:@Sugar2135
Web:https://y-sugarphotography.myportfolio.com/work

制作スタッフ

装丁・本文デザイン　赤松由香里（MdN Design）
編集・DTP　　　　　江藤玲子

編集長　　　　　後藤憲司
副編集長　　　　塩見治雄
担当編集　　　　後藤孝太郎

Photoshop レタッチ 仕事の教科書
3ステップでプロの思考を理解する

2021年9月11日　初版第1刷発行

著者　　　　高嶋一成、マルミヤン、佐藤悠大
発行人　　　山口康夫
発行　　　　株式会社エムディエヌコーポレーション
　　　　　　〒101-0051　東京都千代田区神田神保町一丁目105番地
　　　　　　https://books.MdN.co.jp/
発売　　　　株式会社インプレス
　　　　　　〒101-0051　東京都千代田区神田神保町一丁目105番地
印刷・製本　中央精版印刷株式会社

Printed in Japan

【カスタマーセンター】
造本には万全を期しておりますが、万一、落丁・乱丁などがございましたら、送料小社負担にてお取り替えいたします。お手数ですが、カスタマーセンターまでご返送ください。

落丁・乱丁本などのご返送先
〒101-0051　東京都千代田区神田神保町一丁目105番地
株式会社エムディエヌコーポレーション カスタマーセンター
TEL：03-4334-2915

書店・販売店のご注文受付
株式会社インプレス　受注センター
TEL：048-449-8040／FAX：048-449-8041

● 内容に関するお問い合わせ先
株式会社エムディエヌコーポレーション カスタマーセンター メール窓口
info@MdN.co.jp

本書の内容に関するご質問は、Eメールのみの受付となります。メールの件名は「Photoshopレタッチ 仕事の教科書 質問係」、本文にはお使いのマシン環境（ご利用のPhotoshopとOSの種類・バージョンなど）をお書き添えください。電話やFAX、郵便でのご質問にはお答えできません。ご質問の内容によりましては、しばらくお時間をいただく場合がございます。また、本書の範囲を超えるご質問に関しましてはお答えいたしかねますので、あらかじめご了承ください。

ISBN978-4-295-20188-5　C3055